草种子生产技术

◎闫国苍　刘　慧　颜昌兰　编著

中国农业科学技术出版社

图书在版编目（CIP）数据

草种子生产技术 / 闫国苍，刘慧，颜昌兰编著 . 北京：中国农业科学技术出版社，2024. 8. -- ISBN 978-7-5116-7039-7

Ⅰ. S540.35

中国国家版本馆 CIP 数据核字第 2024HK0157 号

责任编辑　任玉晶
责任校对　马广洋
责任印制　姜义伟　王思文

出 版 者　中国农业科学技术出版社
　　　　　北京市中关村南大街 12 号　　邮编：100081
电　　话　（010）82106641（编辑室）（010）82106624（发行部）
　　　　　（010）82109709（读者服务部）
网　　址　https://castp.caas.cn
经 销 者　各地新华书店
印 刷 者　中煤（北京）印务有限公司
开　　本　185 mm×260 mm　1/16
印　　张　13.00
字　　数　291 千字
版　　次　2024 年 8 月第 1 版　2024 年 8 月第 1 次印刷
定　　价　58.00 元

编 委 会

主　　编：闫国苍　青海农牧科技职业学院
刘　慧　青海农牧科技职业学院
颜昌兰　青海农牧科技职业学院

副 主 编：杨晓龙　青海农牧科技职业学院
康　清　湟源县种子经营管理站
张永兰　青海柴达木职业技术学院

参编人员：张东杰　青海农牧科技职业学院
曹丽萍　青海柴达木职业技术学院
包国霞　青海柴达木职业技术学院
丁熙鸿　青海农牧科技职业学院
郑艳霞　青海农牧科技职业学院
蔡思彤　青海农牧科技职业学院
殷载伟　青海农牧科技职业学院
王　倩　青海农牧科技职业学院
靳　伟　青海农牧科技职业学院
周雪平　青海农牧科技职业学院
徐少南　青海农牧科技职业学院

主　　审：张　茹　青海省农业农村厅畜牧处
汪新川　青海省铁卜加草原改良试验站

内容简介

新型活页式教材《草种子生产技术》是草业技术专业的核心课程，遵循职业教育基本规律，将专业教育、创新教育、课程思政等融为一体，为满足青藏高原生态建设草种子需求，以草种子生产、质量检验、加工操作等项目为载体，以市场就业为导向，以职业能力培养为重点，进行具有针对性、具体性、实用性的实践教学设计，使学生在学习实践中掌握草种子生产的基础知识和基本技能。

教材共分为6个项目29个任务，项目包括草种子繁育基地建设、草种子繁育、草种子生产流程、草种子加工流程、草种子质量检验与分级、草种子管理，适合草种子生产者、经营者、管理者及高职、中职院校相关专业学生学习参考。

前言

国家对生态建设的重视日益增加，对生态建设提出了更高的要求。根据习近平总书记对青海的重要指示批示精神，青海要始终坚持生态优先，绿色发展，认真实施《中华人民共和国青藏高原生态保护法》，全面落实主体功能区规划要求，把青藏高原建设成为生态文明高地。坚持山水林田湖草沙冰一体化保护和系统治理，加快实施重要生态系统保护和修复重大工程，巩固提升生态环境保护成效。在此背景下，草种子生产必须满足青藏高原生态建设需求。

教材设计扎根于青藏高原实际，紧密围绕青海生态在全国乃至全世界的生态地位，按照“把坚持生态优先、推动高质量发展、创造高品质生活的部署落到实处”的要求，以培养生产、建设、管理、服务一线高级技术应用型人才为目标，将理论和实践教学融为一体，以青藏高原草种子生产过程为依据，以草种子生产、加工、质量检验等操作为载体，以职业能力培养为重点，进行具有针对性、具体性和实用性的实践教学设计。以活页式立体化的教材形式，将草种子生产过程项目化，每个操作过程按照草种子生产操作规程和标准灵活组合，以便于对不同专业背景和知识结构的学生实训上岗做相应的调整，体现课程的灵活性、开放性，最终使学生的职业技能水平达到岗位技能的要求。

教材内容包括草种子繁育基地建设、草种子繁育、草种子生产、草种子加工、草种子质量检验及草种子管理等项目的学习实践，使学生全面掌握草种子生产过程中的基本环节和所需的基本知识。通过任务驱动、学生实践训练等教学方法，培养学生草种子生产中所需的繁育、加工、质量检验和储藏等方面的实用技能。学生要树立习近平生态文明思想，培养良好的职业道德，树立吃苦耐劳、严谨的工作作风以及认真负责的工作态度，具备一定的独立工作能力与组织能力，善于沟通，适应农村生产环境并具有一定的工作应变能力，成为符合岗位需求的高级技术应用型人才和合格的种子繁育工、种子质量检验员，为青藏高原生态建设做出一定贡献。

教材由闫国苍、刘慧、颜昌兰任主编；项目一由曹丽萍、包国霞、张永兰编写，项目二由杨晓龙、蔡思彤编写，项目三由康清、殷载伟、王倩编写，项目四由刘慧、郑艳霞、靳伟编写，项目五由闫国苍、张东杰、丁熙鸿编写，项目六由颜昌兰、周雪平、徐少南编写，本教材由张永兰统稿，由张茹、汪新川审稿。

教材在编写过程中得到了相关职业院校和行业、企业专家们的大力支持，参阅了大量的论著、标准及教材，吸取了相关专家学者的研究成果和有益的经验，在此表示衷心感谢！由于编者水平有限，再加上教材编写体例创新，书中错漏和不足之处在所难免，敬请专家学者和广大读者批评指正。

编　者

2024 年 2 月

目录

项目一 草种子繁育基地建设

项目导读

草种子生产必须在适宜的生态条件下进行，草种子繁育基地的选择是完成种子生产任务的首要工作。草种子繁育是草种子产业的一个重要环节。草种子生产的规模化、集约化、现代化程度要求高。种子生产是由品种持有者、公司、生产基地等共同完成，为获得质量优、数量充足的种子，必须在一定组织管理模式下协调运行。草种子繁育基地建设是一个长期过程，一个良好的繁育基地需以草种子质量标准为基础，在《中华人民共和国种子法》（以下简称《种子法》）等相关法律、法规和制度的约束下，注重生态环境保护，使草种子产业不断地巩固和发展。

草种子繁育要根据草植株生长发育习性，选择具有适宜生态条件的地区繁育，这是草种子繁育能否成功的基础。一般要求选择土地肥沃、光照充足及温度和降水量适中等有良好条件的自然环境。

学习目标

• 知识目标

1. 学会如何选择草种子繁育基地。
2. 熟练掌握草种子基地的设施准备。
3. 能正确选择草种子田及熟练准备苗床。

• 技能目标

1. 能够根据不同的草种子，选择合适的草种子繁育基地。
2. 能搭建草种子生产基础设施。
3. 能正确计算种子田面积。
4. 能对苗床进行正确整理。

- **发展目标**

培养学生具备建立草种子繁育基地知识和实践经验的岗位能力。

- **思政目标**

1. 培养学生严谨求实、刻苦认真的科学态度。
2. 培养学生团结合作，积极解决问题的能力。

任务一　选择草种子生产基地

任务导入

草种子生产A公司引进一批新品种良种，要进行繁育生产，要选择生态条件适宜区域建立新品种草种子繁育基地。要求用严谨、科学、务实的态度选择草种子繁育基地，尽可能减少种植后草植株生长发育的影响因素，准确确定繁育基地面积等。

任务准备

- **知识准备**

合理选择草种子繁育基地，是获得优质高产草种子的一个基本条件。种子基地的确定，除适宜的区域气候条件外，具体地段的确定有以下几种情况。

1. 新建基地地址的选择

为便于草植株良好生长并利于耕作、播种、管理和收获，新建种子繁育基地应尽可能选在地势平坦、土质肥沃、有排灌条件或水分状况良好的地方。用机械收种的地块坡度要求不超过10°，高寒地区要选择背风向阳或低平的川地或谷地，如河滩地、近河谷阶地及向阳坡地的下部，以保证种子成熟。土壤以富含营养物质的中性壤土为好，容易板结的黏质土和贫瘠的砂质土以及碱性土均不宜作为草种子繁育基地。

在选择新建种子地时，还应尽可能选用杂草较少或周围杂草侵入威胁较小的地块，这对保证种子的产量及纯度、提高种子地的利用年限有很大关系，特别是多年生牧草，在生长初期发育很慢，而大多数杂草适应性强、生长快，与种植草争肥、争水、争光，会严重抑制种子田草植株的生长，甚至因杂草而使幼苗不能存活，以致种子田被完全毁坏。

土壤酸碱性对草种子生产影响很大，多数草植株适宜在中性土壤中生长，但多年生黑麦草、白三叶、红三叶等都更适宜在微酸性土壤中生长。

大多数草植株为异花授粉植物，授粉昆虫数量的多少对提高草种子产量影响较大，选择授粉昆虫较多的地区或引入和放养授粉昆虫是提高草种子产量的有效措施。

2. 草地采种场的选择

在现有的人工或天然草地中选择划出一定的地段或面积，供收种使用，这样的地段称为草地采种场。选择草地采种场时，选取的地块应在收种前一年的秋季及早结束放牧或割草，使牧草有足够的时间形成尽可能多的秋季分蘖芽，积累必要的可塑性营养物质，这是越冬后能够形成大量生殖枝的基础。在选用草地作为收种地时，尽量把收种地块从分布比较集中、连片的地方划出来。当原有草地种类复杂，而只需采收某一种草种子时，为便于收种，要选用采种草植株的生长高度明显区别于其他种，或者与其他种的成熟期不相一致的，这样才便于采收。种类成分多的草地，混合收种后仅可用于混播草地的播种。总之，一般选用草植株高、长势良好的草地地段作为留种地。

3. 种子田面积的确定

种子田面积不仅要根据草种子繁育生产者掌控原种的种子数量确定（只有种子繁育生产者取得草品种产权所有者的授权使用转让，才可以开展该品种种子繁育生产田的建设，如果是野生草种，则可以在草地采种场取得该草场经营者许可就可直接采种制种），而且还需要根据待生产的草种数量和种植面积、草种的播种密度和生长习性、可用于种子繁育的土地资源、草种生长所需的气候条件、种子繁育对当地生物多样性保护和生态平衡等因素确定。可按下式计算确定：

$$种子田面积 = 总种子需求量 / 单位面积产量$$

新育成和新引进的优良品种或提纯生产的原种，种子数量通常有限，为了使新品种能迅速推广到生产中，尽早发挥其作用，应通过繁育技术提高繁殖系数，通过栽培技术加快繁殖速度。繁殖系数是指草种子繁殖的倍数，即单位面积产种量与播种量之比。例如，紫花苜蓿每公顷产种子 600 kg，而每公顷播种量 7.5 kg，则繁殖系数为 80。通常许多草种的繁殖系数并不很高，但可通过精量稀播（如穴播、宽行稀播）或分株繁殖和扦插（如分株或剥蘖移栽、切枝扦插等）大幅度提高繁殖系数。

4. 草种子基地选择注意事项

（1）种植草种子状况

为了合理选择草种子基地，在选择前必须向有关人员了解该种子的来源、产地、品种名称、种子数量、对生境条件的要求以及贮藏期间种子翻晒、虫霉、漏水和发热等情况，以供选择草种子基地时参考。

（2）确定土壤理化性质状况

为了合理选择草种子基地，在选择前必须了解土壤的质地、酸碱度、熟化程度、肥力状况、排灌条件、降水量、种子田面积等情况，以供选择草种子基地参考。

知识链接 1-1-1

种植基地管理方案章程制度

• 工具准备

准备：GPS、米尺、温度计、气压计、雨量测量器、土壤 pH 测试仪等。

- **材料准备**

相关资料、笔、记录单等。

- **人员准备**

任务分工

任务角色	任务内容
组长：	确定工作内容，分配工作任务，完成选择种子基地任务
组员 1：	参与讨论，咨询专业人员、查询相关资料确定合适方案
组员 2：	参与讨论，根据讨论结果正确测定土壤酸碱度、地区降水量等指标
组员 3：	参与讨论，根据讨论结果进行种子田面积的确定
组员 4：	参与讨论，根据讨论结果确定所选区域能否作为草种子生产基地

任务实施

步骤一：查阅相关资料，了解当地土壤状况、气温状况、降水量等指标。

步骤二：利用 GPS、温度计、气压计、土壤 pH 测试仪等测定拟选草种子生产基地生态条件。

步骤三：根据草种子生产基地测定的土壤酸碱度、生境条件等情况，确定草种子生产基地。

步骤四：种子田的确定，规划种子田，测定种子田面积。

任务检测

请扫码答题。

任务评价

工作活动完成过程评价

班级：＿＿＿＿＿＿　组别：＿＿＿＿＿＿　姓名：＿＿＿＿＿＿

项目	评分标准	自我评价	小组评价	教师评价
新建基地地址的选择（30 分）	工具的准备（10 分）			
	了解土壤酸碱度（10 分）			
	了解拟种植牧草繁殖系数（10 分）			
种子田面积的确定（30 分）	种子田布局设置合理（10 分）			
	面积计算正确（10 分）			
	确定种子田面积（10 分）			
活动完成过程（30 分）	能够根据工作任务资料分析并制订工作计划（5 分）			
	认真思考，积极动手、动脑（5 分）			
	积极参与小组合作与交流，配合默契，互帮互助（5 分）			
	通过小组讨论与再学习完成工作任务（5 分）			
	能很好地展示活动成果（10 分）			
活动效果（10 分）	整体的效果（很好为 10 分；较好为 7～9 分；一般为 3～6 分；较差为 0～2 分）			
合计				
自我评价与总结				
教师点评				

任务二　草种子基地的设施设备准备

任务导入

草种子生产A公司引进一批新品种良种，要进行繁育生产，选择生态条件适宜的区域建立了新品种草种子繁育基地，在繁育过程中需要使用相关的生产、加工、储藏等设施设备，这些设施设备如果是经常性的、反复多次的、使用频繁的，则需要购买自备；如果是偶尔性的、不常用的、一年或几年才用一次的，则没必要购买，仅在需要时进行租用即可。要求在建设中要认真负责，具有厉行节约、节能减排、保护环境的责任感和生态文明建设意识。

任务准备

• 知识准备

1. 基地配套设施设备

（1）耕作设备

建立种子田时，需要整地、犁地、耙地、碎土、平床。播种后需要镇压、趟地。生长期需要中耕除草、破除板结。所用的机械设施有拖拉机、犁、耙、镇压器、旋耕机、施肥机、喷药机、播种机等。

犁地机械可以深翻土壤，清除杂草，掩埋带菌体及害虫，增加土壤总孔隙度。钉耙、圆盘耙可以平整地面、耙碎土块、混拌土肥、耙出杂草根茎、破除板结等。镇压器可以使土表紧实、平整地面、压碎土块、提墒保墒，短齿镇压器可破除板结、疏松表层土壤。播种机可以进行播种、施肥等。在草种子繁育基地建设中，这些耕作设备多数利用频率少，在使用时租用即可，仅喷药机和施肥机需要购买自备。

（2）围栏与保护设施

在放养畜禽的农牧区建立种子田时，所种草种极易引诱畜禽啃食，尤其是幼苗和返青芽，故需建设防护设施。防护设施最常用的是草地围栏，本着自力更生、勤俭节约的原则，因地制宜、就地取材，防护围栏可选用下列任何一种。

①石砌围墙。利用当地石块或卵石直接垒墙或用草泥砌墙，就地取材，造价低，但比较费工。

②土筑围墙。气候干燥的黏质土地区用湿土筑墙，或在草地上就地取土或挖取草皮垒垛围墙。为了提高墙围栏的使用年限，墙基要比墙顶宽1/3～1/2。

③生物围栏。在沙区用沙柳等生物栅子作围栏，在宜林区营造防护林网作防护围栏，效果好，使用年限长，而且可改善气候条件，树叶嫩枝还可作家畜饲料。

④刺铁丝围栏。用刺铁丝和水泥立桩构造而成的类似围墙的围栏，坚固耐用，使用年限长，可以迁移，不占耕地，是目前建植草种子田主要应用的防护形式。

⑤电网围栏。在刺铁丝围栏的基础上，采用低压通电方式建成的一种围栏，可减少大家畜对围栏的碰撞破坏。其多采用风力发电，是一种先进的围栏建设方式。

（3）灌溉设施设备

在干旱和半干旱地区建植草种子田，设置灌溉系统是非常必要的，即使在湿润地区，设置补充性灌溉系统，对弥补降水稀少季节草植株生长期间水分不足十分重要。灌溉系统由水源、取水枢纽、输水渠道或管道、出水枢纽（如出水接口、喷头、滴头或网络状出水装置）等设施构成。自动式灌溉系统附加电脑自动控制装置，灌溉时间和灌水量等都由程序操作控制。这些设施可以实现灌溉系统中喷灌和滴灌的自动控制，喷灌和滴灌是现在应用较多、较先进的方式，喷灌和滴灌系统由埋设在地下或遍布整个种子田地面的软管及通过喷水半径确定出水口间距的许多喷头和滴头组成。

（4）隔离设施设备

异花授粉草，如豆科草中有紫花苜蓿、黄花苜蓿、红豆草、红三叶、白三叶、杂三叶、黄花草木樨、白花草木樨、百脉根等，禾本科草中有鸡脚草、意大利黑麦草、多年生黑麦草、羊草、高牛尾草、猫尾草、老芒麦、狗牙根、小糠草、偃麦草、高燕麦草、藕草及冰草；常异花授粉草有细齿草木樨、鹰嘴紫云英、饲用蚕豆、高粱等。在它们的繁殖和制种过程中，特别要有隔离设施，防止互相串粉。

种子基地一般选择周围有建筑物、林地、防风林带、果园以及有较高丘陵等包围的场所或孤岛作为种子田，这些自然屏障可阻挡外来花粉的侵入。或在种子田外围一定距离内种植玉米、高粱、苏丹草、串叶松香，形成种植带，也可阻挡外来花粉的侵入，以防串粉杂交造成生物学混杂。

繁殖原种或种子量较少的良种时，因种子田面积小，可建立套袋隔离繁殖或网框、网室隔离繁殖圃，异花授粉草要建立人工辅助授粉设施。

（5）收获与加工设施设备

草种子生产过程中，当禾本科草种子田有 40%～50% 的穗子或节间发黄，豆科牧草种子田有 60%～70% 的果荚变成黄褐色或黄色时，开始收获，熟一片，收一片，尽量缩短收获期。收获设施有用于人工刈割收获的镰刀及机械刈割收获的割草机、联合收割机，还应配备捆束机、运输车、装卸叉车、晒场或晾晒架等。收获期为防止雨淋，还可配备堆垛机。联合收割机收获时，要使用干燥剂和脱叶剂，并可配备附属吸筒，以便将脱落在地面的花序或穗子吸入机内脱粒，提高种子产量。收获后要立即进行脱粒、干燥和加工。种子田面积较小时，一般人工收获和机械脱粒相结合，应配备种子脱粒机。大面积种子田则由联合收割机收获，收割、脱粒一次完成。种子加工、干燥的设施除种子加工车间和种子晾晒场外，还应配备干燥机械设备和种子初加工设备。干燥设备有火力滚动烘干机、烘干塔或蒸汽干燥机等，种子初加工设备有种子初选机、除芒机、刷种机等。除芒机、刷种机的功能主要是除芒、刷毛，并把粘在一起的草籽分开，清除草籽粘污的泥土、灰尘等。

另外，为了清选、加工、防雨、贮藏的需要，应设置有种子晾晒清选场地、防雨棚、临时仓库等设施。

（6）病虫害防治及种子质量检验设施设备

在草种子生产过程中，病虫害防治和质量检验是必不可少的。病虫害防治要有专门的防治机构和研究组织，以及防病治病的仪器、药物、分析化验设备设施。质量检验也要有专门的质量监督组织和质量检测组织，有专用的检测仪器和设备，如田间检验设备、扦样分样设备、净度分析设备、生活力测定设备、发芽率测定设备，以及水分测定、重量测定、健康测定等相关设备，还有其他植物种子鉴定的仪器设备等。

2. 清选与贮藏设施设备

（1）清选与分级设施设备

新收获的草种子，常含有一些杂质和不能做播种材料用的废种子，必须经过清选并按种子审定标准进行分级，才可入库贮藏或包装作为商品种流通。草种子清选和分级使用的设施有工程设施和机械设备。

①工程设施。清选分级车间、辅助生产车间、种子库房、生活福利设施、服务性设施等。

②机械设备。以草种子大小筛选分级的风力筛选机、气流筛选分级机；以草种子比重进行清选分级的比重分离机、风筛清选机、吸风机、分级吹风机、风选分离机；以草种子长度进行清选分级的盘式窝眼分离机、滚筒式窝眼分离机、盘－筒联合分离机；以草种子形状清选分级的螺旋式分离机、皱褶带式分离机；以草种子表面结构清选分级的滚轮式分离机、倾斜布面清选机；以草种子颜色清选分级的电色分离机；以草种子对液体的亲和力清选分级的磁性分离机、角状分离机等。

（2）贮藏设施设备

草种子经干燥和清选分级后，为便于贸易，要按等级进行包装和贮藏。

①包装设备。包装可用塑料编织袋、棉布袋、纸袋，或薄膜（金属或金属箔）袋、金属板或纤维板筒、玻璃罐、纤维板箱，或各种材料制成的容器。贮藏成批出售的草种子时，包装容器可用较大的针织袋、多层纸袋、大纤维板筒、金属罐或纤维板箱等；贵重的草种子、零售草种子或原种草种子，包装容器一般用小纸袋、薄膜袋、压制的薄膜套、小纤维盒或小金属罐。填装除手工装填外，大批填装的包装设备有自动装填机、半自动装填机、空气提升器、皮带输送机、叉式升降机等。大多数包装设备中都装备有种子重量度量工具，从称量工具上发出信号，进行人工或自动包装控制。封口贴签的设备有小型手工滚筒封口机、自动制包装包封包机、热脉冲封口机、恒温棒条机、非金属或玻璃容器封口的涂胶机、金属罐封口机等。

知识链接 1-2-1

种子生产基地基础设施建设

知识链接 1-2-2

草种子耕地机械

②贮藏库。普通贮藏库配备有换气扇，可贮藏 1～2 年。冷藏库配装有冷冻机和除湿机，可贮藏 3～5 年。草种质资源库要求低温、干燥、密封条件好，贮藏年限从 5 年到几十年。贮藏年限长，可利用现代科学技术设备达到干燥、低温

密封的贮藏效果。

③消毒与检验设施设备。种子入库前要进行消毒，灭鼠虫病原菌。贮藏期间要进行水分测定、温度测定、种子生活力测定、发芽率测定。要专门安排消毒和检验分析的机构并配备仪器设备等进行这项工作。

- **工具准备**

设施设备准备：拖拉机、犁、耙、镇压器、旋耕机、施肥机、喷药机、播种机、喷灌和滴灌系统等。

- **材料准备**

薄膜、塑料编织袋、棉布袋、纸袋、检验单据等。

- **人员准备**

任务分工

任务角色	任务内容
组长：	确定工作内容，分配工作任务，完成草种子基地的设施设备准备任务
组员 1：	参与讨论，咨询专业人员、查询相关资料确定耕作设施设备的种类
组员 2：	参与讨论，咨询专业人员、查询相关资料确定耕作设施设备的种类
组员 3：	参与讨论，根据讨论结果确定草种子基地设施设备准备内容是否齐全、完善
组员 4：	参与讨论，反复模拟草种子繁育过程和基地建设所需设施设备并进行任务，根据讨论结果查漏补缺

任务实施

步骤一：确定耕作设备的种类及数量。根据作业面积及耕作操作过程，确定耕作设备需要的种类及数量，以及确定哪些需要租用、哪些需要购买。

步骤二：检查耕作设备是否正常。清查校内机械实训室现有耕作设备，并检查能否正常使用，为草种子田耕作做准备。

步骤三：检查清选与贮藏设施设备是否正常。清查校内机械实训室现有清选与贮藏设施设备，并检查能否正常使用，为草种子清选与贮藏做准备。

步骤四：讨论草种子基地设施设备准备是否齐全、完善。经过清查校内机械实训室设施设备，了解设施设备是否齐全、完善。

步骤五：根据讨论结果查漏补缺，补齐所缺生产所需的设施设备。

任务检测

请扫码答题。

任务评价

工作活动完成过程评价

班级：__________ 组别：__________ 姓名：__________

项目	评分标准	自我评价	小组评价	教师评价
基地配套设施（40 分）	耕作设备准备充分（8 分）			
	围栏与保护设施选用正确（12 分）			
	了解灌溉设施设备（6 分）			
	收获与加工设备选用恰当（9 分）			
	了解病虫害防治及种子质量检验的流程（5 分）			
清选与贮藏设施（20 分）	正确说明清选与分级设施设备分类（10 分）			
	贮藏设施的组成及使用要求说明正确（10 分）			
活动完成过程（30 分）	能够根据工作任务资料分析并制订工作计划（5 分）			
	认真思考，积极动手、动脑（5 分）			
	积极参与小组合作与交流，配合默契，互帮互助（5 分）			
	通过小组讨论与再学习完成工作任务（5 分）			
	能很好地展示活动成果（10 分）			
活动效果（10 分）	整体的效果（很好为 10 分；较好为 7～9 分；一般为 3～6 分；较差为 0～2 分）			
合计				
自我评价与总结				

（续表）

教师点评	

任务三　种子田的选择

任务导入

草种子生产A公司引进一批新品种良种，要进行繁育生产，选择生态条件适宜的区域建立了新品种草种子繁育基地。适宜的土壤类型、良好的土壤结构、适中的土壤肥力对获得优质高产的草种子非常重要，因此，土地是选择种子繁育区必须考虑的重要因素之一，选择适宜的种子田，是种子高质量繁育的基础。现在学习的知识和技能就是为今后从事相关工作打基础，基础夯实了工作就能得心应手。

任务准备

• 知识准备

适宜的地形和土壤条件及品质优良的原种种子和先进的栽培技术措施，是获得高产优质草种子的保证。

1. 种子田地形与土壤的选择

选择好种子生产地点后，应再根据当地的地形和土壤条件，确定草种的良种繁育区。

（1）地形

为使良种获得优良的生长发育条件，用于生产的种子田应是地势开旷、通风良好、光照充足、土层深厚、肥力适中、灌排方便、杂草少、病虫为害轻的土地。豆科草的种子田最好邻近防护带、灌木丛以及水库，以利于昆虫授粉。

（2）土壤类型

不同的草种，适宜的土壤类型不同，大部分草种喜中性土壤。紫花苜蓿、黄花苜蓿、白花草木樨、红豆草、截叶胡枝子等豆草适于钙质土；羊草、碱茅等禾草适于轻度盐碱土壤；须芒草、弯叶画眉草、卵叶山蚂蟥、头形柱花草等草种适于热带酸性土壤。

用于种子生产的土壤最好为壤土。壤土较黏质土和砂质土持水力强，有利于耕作，适于草植株根系的生长和吸收足够的营养物质。土壤肥力要求适中，土壤中除含有足够的氮、磷、钾、硫外，还应有与草植株生殖生长有关的微量元素硼、钼、铜和锌等。

2. 草种子繁殖田的建立

为了获得产量高、品质好的种子，草种子繁殖田应设在饲草料地的最好田块上。要求地势平坦、阳光充足、土壤肥沃、杂草少、排水良好，最好有灌溉条件。同时，在选择土地时也要结合考虑草种本身的生物特性。如豆科草种子田应选在邻近有防护林带、灌丛及水库的地段，以利于昆虫的授粉。

（1）合理轮作

为了获得较高的种子产量，必须进行合理轮作。施用基肥的休闲地及中耕作物后茬地都适于作为种子田。不过，为了防止种子脱粒混杂，保持种子的纯净度，在繁殖两种以上又不易分开的草种子时，在地段安排上地块之间应隔一定距离，一般为 25～50 m，而这些隔离地段可以种植易于分离不生物混交的其他种作物或牧草。为了防止种内品种间杂交（生物混交），同种各品种间应隔离种植，隔离带宽度不少于 200～400 m。另外在轮作中应考虑不能连续播种外形、大小相似或同一种牧草的不同品种，一般应间隔 2～3 年以上再种植。

（2）种子田的整地特点

种子田的播前整地总的要求是土壤疏松、耙平耙细。因为草种子细小，要求有良好的发芽条件。另外，还要求杂草少，保墒良好，利于出苗和苗期生长。

种子田的播前整地工作十分重要。由于多年生草种子小而轻，贮存营养物质不多，种子萌发及幼苗期的生长发育都较缓慢，对于播前的土壤耕作要求较为严格。故播前的整地工作应尽可能达到“细、平、松、紧、深、净、墒”的要求，以创造一个良好的播种条件，保证幼苗顺利出土。

（3）种子田选择注意事项

①土地的酸碱性必须与草种的生物学特性相一致。如紫花苜蓿适合偏碱的土地，过酸的土壤不能种植。

②不能利用积水的低洼田块。大部分草种不耐湿，如地块过低，下雨后积水易出现烂根死苗现象，因此地势稍低的地块必须开挖好排水沟，雨天及时清理田间积水，防止涝害。

• 工具准备

准备：GPS、米尺、土壤 pH 测试仪等。

• 材料准备

笔、记录单据、拟繁育草种子资料，备选种子田资料等。

知识链接 1-3-1

牧草种子田的建植方法

知识链接 1-3-2

牧草种子田的生产管理

- **人员准备**

任务分工

任务角色	任务内容
组长：	确定工作内容，分配工作任务，完成种子田选择任务
组员 1：	参与讨论，咨询专业人员、查询相关资料确定草种子特性
组员 2：	参与讨论，根据种子特性对所需种子田特征进行描述
组员 3：	参与讨论，根据讨论结果选择种子田
组员 4：	参与讨论，根据讨论结果，对选择结果进行评价

任务实施

步骤一：确定种子田地形和土壤，利用 GPS、土壤 pH 测试仪等确定地形和土壤，选择适宜种植的种子田。

步骤二：分析拟繁育草种的生长发育生态条件，查阅资料，咨询草原站、气象站等有关部门，分析讨论拟繁育草种能否适应种子田的生态条件。

步骤三：选择符合条件的种子田，综合分析讨论，择优选出符合生态条件的种子田。

步骤四：对选择的种子田面积进行确定，进行整地备种。

任务检测

请扫码答题。

任务评价

工作活动完成过程评价

班级：__________ 组别：__________ 姓名：__________

项目	评分标准	自我评价	小组评价	教师评价
地形（24分）	地势开阔（8分）			
	通风良好（8分）			
	光照充足（8分）			
土壤类型和结构（31分）	土层深厚且质地适宜（8分）			
	土壤酸碱度适宜（5分）			
	肥力适中（5分）			
	灌排水方便（8分）			
	杂草少、病虫为害轻（5分）			
活动完成过程（35分）	能够根据工作任务资料分析并制订工作计划（5分）			
	认真思考，积极动手、动脑（5分）			
	积极参与小组合作与交流，配合默契，互帮互助（10分）			
	通过小组讨论与再学习完成工作任务（5分）			
	能很好地展示活动成果（10分）			
活动效果（10分）	整体的效果（很好为10分；较好为7～9分；一般为3～6分；较差为0～2分）			
合计				
自我评价与总结				
教师点评				

任务四 草种子生产苗床准备

任务导入

草种子生产A公司引进一批新品种良种，要进行繁育生产，选择生态条件适宜区域建立了种子田。因地制宜、科学规划建立适宜的苗床是播种前关键的耕作准备，要以一丝不苟的严谨态度完成草种子的苗床准备。

任务准备

● 知识准备

1. 选地

草种子生产苗床选地要求地势高、排水畅，地面平坦，无瓦砾杂物，杂草较少，四周通风状况较好，在小气候特点上，冬春要选背风向阳处，夏秋选湿润通风处；并且要靠近栽培场地，以减少运输用工，或集中育苗，便于管理，前茬最好为不同科属的花卉或农作物，不可连作；需要土质疏松、有机质丰富、肥力一致；土壤含盐量不能超过种子发芽的最高耐受浓度，如果使用老苗床要注意病害和土壤含盐量的上升，注意前茬施用矮化剂、除草剂后对育苗的影响。

2. 苗床用地的培肥

虽然苗床肥力与人工基质密切相关，但苗床本身的土质、地力也非常重要，苗床用地需要进行培肥。苗床培肥，是指通过人的生产活动，构建良好的土体，培育肥沃耕作层，提高土壤肥力和生产力的过程。用地与养地相结合、防止肥力衰退与土壤治理相结合，是土壤培肥的基本原则。增施有机肥料、种植绿肥和合理施用化肥；对于某些低产土壤（酸性土壤、碱土和盐土）要借助化学改良剂和灌溉等手段进行改良，消除障碍因素，以提高肥力水平；进行合理的耕作和轮作，以调节土壤中的养分和水分，防止某些养分亏缺和水汽失调；防止土壤受重金属、农药以及其他污染物的污染；防止水土流失、风蚀、次生盐渍化、沙漠化和沼泽化等各种退化现象的发生等。

3. 苗床用地整理

（1）清除前茬的枯枝、落叶、残根及杂草等

多年生恶性杂草如旋花（兔苗）、三棱草、小蓟（刺艾）、水花生等必须深挖除根或提前在生长旺期用较大剂量的灭生性除草剂（一般用41%农达150～200 mL/10 kg水，三棱草用48%苯达松50 mL/10 kg水）。苗床周围环境的杂草也要清理干净，防止蝼蛄、蛴螬、蟋蟀、灯蛾、夜蛾、盲蝽蟓、蚱蜢等害虫滋生藏匿。选保护地内做苗床，夏季必须揭膜淋雨，以减少土壤盐分积累。

（2）平整

如果地面不平整，必须在翻挖前削高平低，为防止高处过多取土后土质变瘦，宜采用抽沟取土法，不得只取表土。

4. 苗床制作

（1）翻挖暴晒：用人工翻挖或旋耕机耕翻。翻挖后暴晒 15 d 以上，进行日光消毒。为加强消毒效果，可在夏季覆盖塑料薄膜密闭高温消毒。

（2）粗整：将大土块整碎。

（3）施基肥：

①腐熟的饼肥 、猪粪、鸡粪（均加适量木屑后腐熟一年以上），每粪桶均匀撒布 3 m^2。

② 45% 复合肥 0.1～0.3 kg/m^2。

③腐熟的饼肥液可直接喷施于苗床。

两种肥料可按苗床面积计算称量好之后混合撒施。撒施必须均匀，以防肥害。

（4）浇底水：如果苗床过干，将影响整地、消毒和将来的出苗，必须浇足底水。但不要过多，以防泥泞后不便操作。

（5）消毒：如有必要消毒，使用溴灭泰，盖薄膜密闭熏蒸（7～12 m^3/ 瓶，如消毒营养土则为 2.5～4.0 m^3/ 瓶），夏季 2～3 d，冬季 6～7 d 后揭膜透发残余毒气，7～10 d 后使用。消毒时土壤水分要适宜，不可太干或太湿。

（6）育苗基质：根据不同品种对土壤环境条件的不同要求，分别使用泥炭、腐叶土、优质腐熟木屑覆盖苗床土表作育苗基质，厚度为 0.5～2.0 cm。

（7）杀虫：用呋喃丹对土壤进行杀虫，20 g/m^2。如使用溴灭泰消毒，则无须另行杀虫。

（8）杀菌：50 % 多菌灵粉剂 8～10 g/m^2，用细土或木屑拌匀撒入苗床。如使用溴灭泰消毒，则无须另行杀菌。

（9）浅翻：深 5～8 cm，使育苗基质与土壤充分混合。

（10）开墒分畦：苗床的宽度为 1.0～1.2 m。开墒时先用尺量一下宽度，使畦宽相等，再用秧绳拉直开墒，墒沟要整齐平直，深度 15 cm 左右。

（11）细整：用齿耙细整 3～4 遍。

（12）平刮：用刮土板将畦面刮平，将较大的土块刮出畦面。持刮土板时要平、稳。

5. 苗床保护

苗床常会受到风、雨、霜、雪、干旱、高温、寒潮等气象灾害，以及病、虫、鼠、鸟类、家畜、家禽、宠物的侵害，应有预见性地加强苗床保护。使用无纺布、塑料薄膜等材料进行保护，结合严密仔细的管理措施，注意天气预报，加强巡查防范，可以有效避免意外损失。

6. 草种子生产苗床准备注意事项

（1）草种子生产苗床要平整，木屑混合要均匀，肥力基本要均匀一致，苗床基质、基肥撒布要均匀。

（2）开墒不能太宽、太深，墒沟要直、畦宽要一致。苗床要整洁，杂物不能太多。要具备完善的外部排水系统。

知识链接 1-4-1

祁连山区青海草地早熟禾的丰产栽培技术

- **工具准备**

整地工具、塑料薄膜、无纺布等。

- **材料准备**

育苗基质、消毒剂、杀虫剂、杀菌剂、肥料、记录单据等。

- **人员准备**

任务分工

任务角色	任务内容
组长：	确定工作内容，分配工作任务，完成草种子苗床准备任务
组员 1：	参与讨论，咨询专业人员、查询相关资料，确定苗床用地
组员 2：	参与讨论，根据种子特性进行土地培肥及整理
组员 3：	参与讨论，根据种子特性进行苗床制作
组员 4：	参与讨论，根据种子特性及苗床特性，完成定 苗床保护措施

任务实施

步骤一：确定苗床用地 。根据培育需要，分析各项选地因素，确定苗床用地。

步骤二：对苗床进行制作前准备。

①培肥。根据苗床培肥具体要求和措施，对苗床进行培肥处理。

②土地整理。清除前茬的枯枝、落叶、残根及杂草等，在翻挖前削高平低。

步骤三：苗床制作。按苗床制作要求和步骤制作适宜的苗床。

步骤四：苗床保护。按要求制定苗床保护措施，并实施。

任务检测

请扫码答题。

任务评价

工作活动完成过程评价

班级：__________ 组别：__________ 姓名：__________

项目	评分标准	自我评价	小组评价	教师评价
选地（25分）	地势开旷（5分）			
	通风良好（5分）			
	光照充足（5分）			
	土质适宜（5分）			
	肥力适中、灌排方便、杂草少、病虫为害轻（5分）			
苗床用地的培肥（40分）	苗床用地整理（10分）			
	苗床制作（15分）			
	苗床保护（15分）			
活动完成过程（25分）	能够根据工作任务资料分析并制订工作计划（5分）			
	认真思考，积极动手、动脑（5分）			
	积极参与小组合作与交流，配合默契，互帮互助（10分）			
	通过小组讨论与再学习完成工作任务（5分）			
活动效果（10分）	整体的效果（很好为10分；较好为7～9分；一般为3～6分；较差为0～2分）			
合计				
自我评价与总结				
教师点评				

项目二 草种子繁育

项目导读

草种子繁育的基本方式包括有性繁殖和无性繁殖两种方式。了解草种子繁育方式有助于科学合理地选择正确方法进行草种子育种，草种子育种过程中更多选择杂交育种，其体现出的杂种优势在生长势、生活力、抗逆性、繁殖力、适应性以及产量、品质等性状方面更具优势。新品种的繁育和推广首先要进行田间试验，根据田间试验的基本方法和步骤进行田间试验设计，编写种植计划书，完成田间区划。在草种子繁育过程中尽可能防止草种子退化，尤其是品种混杂退化，导致纯度下降、种性变劣，出现变异。

学习目标

• 知识目标

1. 了解草种子繁育的有性繁殖和无性繁殖两种基本方式，尤其是杂交育种。
2. 熟悉田间试验设计的基本方法和步骤。
3. 了解草种子退化的预防方法，尤其是品种混杂退化。

• 技能目标

1. 掌握杂交育种的基本方法。
2. 能够熟练完成田间试验设计、编写种植计划书，完成田间区划。
3. 掌握草种子退化的预防方法，尤其是品种混杂退化。

• 发展目标

使学生掌握草种子繁育过程，培养合格的草种子繁育人员。

• 思政目标

1. 培养学生热爱农业、认真严谨的科学态度。
2. 培养学生认真负责、精益求精的工匠精神。

任务一　繁殖方式与杂种优势

任务导入

草种子生产A公司引进一批新品种良种，要进行繁育生产。要选择合适的繁殖方式进行繁育，保证新品种质量，防止混杂；掌握杂交育种方法，有利于更好保护新品种质量。在繁育过程中要有工匠精神，认真负责，精益求精。

任务准备

• 知识准备

1. 繁殖方式

（1）有性繁殖

有性繁殖是植物繁殖的基本方式，由雌配子（卵细胞）和雄配子（精细胞）相互结合（受精）产生后代。在授粉受精过程中，根据花粉来源的不同又将有性繁殖植物细分为自花授粉、异花授粉和常异花授粉三种。

①自花授粉。在农业生产上将雌蕊接受同一花朵内的花粉而繁殖后代的植物称为自花授粉植物，这类植物通常是由遗传基础相同的雌雄配子相结合所产生的同质结合体，天然（自然）异交率低（4%以下）。

由于自花授粉植物异交率很低，高度的天然自交使群体内部的遗传基础比较简单，基本上是同质结合的个体。同质结合的个体经过不断地自交繁殖，便可形成一个遗传性相对稳定的纯合品系，使后代的基因型和表现型相对一致，遗传行为相对稳定，而且长期的自交和自然选择，逐渐淘汰了自交有害的基因型，形成自交后代生长正常、不退化或耐退化的有利特性。

自花授粉植物在生产上主要利用纯系品种，也可以通过品种（系）混合，利用混合（系）品种；配制杂交种时，一般利用品种间的杂交种。纯系品种的种子生产比较简单，对原种进行一次或几次扩繁即可作为生产用种，也可采用单株选择、分系比较、混系繁殖的方法，用“三圃制”生产原种。在种子生产中，保持品种纯度，首先是防止各种形式的机械混杂，田间去杂是主要的技术措施。其次是防止生物学混杂，但对隔离条件要求不严，可采取适当隔离。

②异花授粉。在生产上将雌蕊通过接受其他花朵的花粉而繁育后代的植物称为异花授粉植物，通常是由遗传基础不同的雌雄配子结合而产生的异质结合体，天然（自然）异交率高（50%～100%）。

异花授粉植物多为雌雄异株、雌雄同株异花、雌雄同花但自交不亲和、雌雄同花但雌雄异熟，授粉时随机互交或自由交配，其群体的遗传结构是多种多样的，包含许多不同基因型的个体，而且每一个体在遗传组成上都是高度杂合的，个体间基因型与表现型不一致。因此，异花授粉植物的品种个体间基因型与表现型不一致，是由许多异质结合的个体组成的群体，其个体内基因型的高度杂合，导致后代极易产生分离现象，表现出多样性，故优良性状难以稳定地保持下去。这类植物自交强烈退化，表现为生活力衰退，产量降低等，但异交有明显的杂种优势。

异花授粉植物最容易利用杂种优势，在生产上种植杂交种。但在亲本繁育和杂交制种过程中，为了保证品种和自交系的纯度及杂交种的质量，除防止机械混杂外，还必须采取严格的隔离措施和控制授粉，同时要注意及时拔除杂劣株，以防止发生不同类型间杂交。

③常异花授粉。这类植物同时依靠自花授粉和异花授粉繁殖后代，但以自花授粉为主，其天然异交率一般为5%～50%，是典型的自花授粉和异花授粉植物的中间类型。常异花授粉植物在主要性状上多处于同质结合状态，自交或近交后代退化不显著，较耐自交。但由于其天然异交率较高，遗传基础比较复杂，群体则多处于异质结合状态，个体的遗传性和典型性不易保持稳定。

在种子生产中，要设置隔离区，及时拔除杂株，防止异交混杂，同时要严防各种形式的机械混杂。在杂种优势利用上，可利用品种间杂交种，但最好利用自交系间杂交种。

（2）无性繁殖

不通过两性细胞受精而繁殖后代的方式称为无性繁殖，具体细分为营养体繁殖和无融合生殖。

①营养体繁殖。指利用种子以外的植物营养器官来产生后代的方式，这类植物在通常情况下不能开花或开花不结实，故不以种子繁殖后代，而是利用营养器官所具有的再生能力。在适宜的或人工控制的条件下，营养体繁殖植物也能开花结实进行有性繁殖，也有自花授粉和异花授粉区别。

生产中将由一个单株通过营养体无性繁殖产生的后代群体称为无性系。由于后代品种群体来源于母本的体细胞，遗传物质只来自母本一方，所以不论母本遗传基础的纯或杂，其后代的表现型与母本完全相似，通常不发生分离现象。同一无性系内的植株遗传基础相同，而且具有原始亲本（母本）的特性。

营养体繁殖植物易于保持品种的稳定性，故可采用有性杂交与营养体繁殖相结合的方法来改良营养体繁殖植物。当前无性繁殖植物的病毒病是引起品种退化减产的主要原因，所以在种子生产过程中，除要注意去杂选优，防止混杂退化以外，还应采取以防治病毒病为中心的防止良种退化的各种措施。

②无融合生殖。指植物的雌雄性细胞不经过正常的融合（受精）过程而直接形成种子以繁殖后代的方式。

A. 单倍体无融合生殖。卵细胞不经过受精而发育成为一个单倍体的胚，称为单倍体孤雌生殖；助细胞或反足细胞不经过受精而发育成单倍体的胚，称为单倍体无配子生殖；精核进入胚囊不参与受精而独自发育成胚，这种雄核发育称“雄核生殖”或“孤雄生殖”。由单倍体的胚囊细胞无融合生殖所形成的胚是单倍体，其后代常常是不育的。

B. 二倍体无融合生殖。由孢原细胞未经减数分裂而发育的胚囊，胚囊中的每个核都含有体细胞的染色体数。在这种胚囊中，由二倍体卵细胞未经受精而直接发育成胚称二倍体孤雌生殖；从二倍体胚囊中的其他细胞直接发育成胚称二倍体无配子生殖。这两种方式形成的胚，都是正常的二倍体，其后代是可育的，其实质是无性繁殖。

C. 不定胚。由珠心或珠被的细胞直接发育成的胚称为不定胚。它能侵入胚囊，与正常受精卵所发育的胚在一起。这样不定胚与正常胚便同在一粒种子中，于是产生了多胚现象。多胚现象在柑橘中普遍存在，在草种子中多胚现象十分少见。

同理，无融合生殖所获得的后代，只具有母本或父本一方的遗传物质，表现母本或父本一方的性状，故可采用有性杂交与无性繁殖相结合的方法来改良。

2. 杂种优势

杂种优势是生物界的一种普遍现象，是指两个性状不同的亲本杂交产生的杂种 F_1，在生长势、生活力、抗逆性、繁殖力、适应性以及产量、品质等性状方面超过其双亲的现象。杂种优势的利用主要通过配制杂交种来实现，要获得优良的杂交种，首先亲本（自交系）纯度要高，并且是强优势的杂交组合。

把经过亲本的纯化、选择、选配、配合力测定等一系列试验而选育的优良杂交组合称为杂交种，即杂种 F_1。杂种品种群体内各个体的基因型是高度杂合的，因而不能代代相传，只能连年制种。杂交种种子生产实际上包括两方面的工作：一是亲本的繁殖与保纯；二是一代杂交种种子的生产。亲本繁殖除雄性不育系需有保持系配套外，其他均与定型品种采种法基本相同，只是隔离要求更加严格。一代杂交种种子生产的原则是杂交种种子的杂交率要尽可能的高、制种成本要尽可能的低。

杂交种种子生产的任务，一是迅速而大量地生产优质种子，实现品种的以优代劣的更换，满足广大种植者生产的需求，满足经销商国内外销售的需求；二是防止推广品种混杂退化，保持良种的特性，延长良种的使用年限。根据杂交亲本亲缘关系的远近，有性杂交种种子生产可分为品种间杂交种种子生产和远缘杂交种种子生产。

3. 杂交种子生产

在配制杂交种时首先要解决的问题是去雄，即两个亲本中作为母本的一方，采用何种方式去掉其雄花的问题。不同的植物，由于花器构造和授粉方式的不同，去雄的方式也就不同，这就决定了采用何种途径来生产杂交种。目前主要有下列途径。

（1）人工去雄

即用人工去掉母本的雄蕊、雄花或雄株，再任其与父本自然授粉或人工辅助授粉从而配制杂种种子的方法。人工去雄配制杂交种是杂种优势利用的常用途径之一，从原则上讲，人工去雄法适用于所有有性繁殖植物，而实际则要受到制种成本和植物繁殖特性等的限制。采用这种方法的植物需具备以下条件：①花器较大、去雄容易；②繁殖系数较高，人工杂交一朵花能够得到较多的种子；③种植杂交种时用种量较小。

（2）化学杀雄（利用理化因素杀雄制种）

将人工合成的化学药剂，在植物生长发育的一定时期喷洒于母本上，直接杀死或抑制雄性器官生长发育，造成生理不育，而后与父本系自由杂交以配制杂种种子的方法。其优点是方法简便、亲本选配自由，并且化学杀雄导致的雄性不育不能遗传，这就为利用优势特强组合的 F_2 种子提供了可能性。但是化学杀雄往往杀雄不彻底，喷药时间要求严格，杀雄效果受天气及植株发育状况的影响，某些杀雄剂可能存在残毒且杀雄剂成本高等。为保证杂种种子的质量和产量，一并实行人工辅助去雄和人工辅助授粉。

（3）标志性状的利用

用某一对基因控制的显性或隐性性状作为标记，来区别杂交种和自交种，可以用不进行人工去雄授粉的方法获得杂交种。可以用作标记的性状，如水稻的紫色对绿色叶枕、小麦的红色对绿色芽鞘、棉花的绿苗对芽黄苗以及有腺体对无腺体等。具体操作方法：给杂交父本转育一个苗期出现的显性标记性状，或给母本转育一个苗期出现的隐性标记性状，用这样的父母本进行不去雄放任杂交，从母本上收获自交和杂交两类种子。播种后根据标记性状，在间苗时拔除具有隐性性状的幼苗，即假杂种或母本苗，留下具有显性性状的幼苗就是杂种植株。

这种方法虽然制种程序简单，但间苗、定苗等工作都较复杂。此外，对那些尚未找出明确的苗期标记性状或性状虽明显但遗传性不太稳定的植物，此法也不能应用。

（4）自交不亲和性的利用

自交不亲和是指同一植株上机能正常的雌雄两性器官和配子，因受自交不亲和基因的控制，不能正常交配的特性。表现为自交或兄妹交不结实或结实极少，具有这种特性的品系称为自交不亲和系。如十字花科、豆科、蔷薇科、茄科、菊科等。配制杂交种时，以自交不亲和系作母本与另一自交亲和系作父本按比例种植，就可以免除人工去雄的麻烦，从母本上收获杂交种。如果双亲都是自交不亲和系，对正反交差异不明显的组合，就可互作父母本，最后收获的种子均为杂交种，供大田使用。目前生产上使用的大白菜、甘蓝等的杂交种就是此种类型。

利用自交不亲和系制种的关键是要育成优良的自交不亲和系。自交不亲和系的繁殖方式有下列 3 种。

①蕾期授粉。在开花前 1～3 d，人工剥开花蕾，采用人工授粉，可以获得一定数量的种子。因为幼嫩柱头的表面还没有形成特异蛋白质隔离层，或只形成不连续的蛋白质表膜，因而可以采用蕾期授粉得到自交种子。

②花期盐水喷雾法。在开花期使用 5%～8% 的盐水喷雾。

③利用保持系繁殖自交不亲和系。利用自交不亲和系配制杂种的具体方法是：在隔离条件下将亲本自交不亲和系间行种植，任其自由授粉。若双亲都为自交不亲和系而正反交性状差异又不大，则父本、母本所结种子可混收；若正反交性状有明显差异，则父本、母本所结种子需分开采种，分别加以利用；若双亲中一个亲本的亲和指数较高而另一个较低，则应按 1 : 2 或 1 : 3 的比例多栽亲和指数较低的系统。

若双亲中有一个亲本（父本）为自交系，制种时，不亲和系与亲和系的栽植比例一般为 4 : 1 左右，且只能从不亲和母本系上采收一代杂种。

（5）利用雄性不育性制种

即利用遗传性稳定的雄性不育系统作母本，在隔离区内与父本系统按一定比例相间种植，任其自由授粉而配制一代杂种种子的方法。利用雄性不育系制种必须有两个前提：首先，解决“不育系（A 系）”“保持系（B 系）”的配套问题，对那些产品器官为果实或种子的植物；其次，还须育成“恢复系（R 系）”而解决“三系配套”。雄性不育系是指雌雄同株植物中，雄蕊发育不正常，不能产生有功能的花粉，但它的雌蕊发育正常，能接受正常花粉而受精结实，并能将雄性不育性遗传给后代。保持系则指农艺性状与不育系基本一致，自身能育，但与不育系交配后能使其子代仍然保持不育性的系统；恢复系则指与不育系交配后，能使杂种一代的育性恢复正常的能育系统。雄性不育分为 3 种，分别是细胞质雄性不育（质不育）、细胞核雄性不育（核不育）、核质互作不育。

①细胞质雄性不育（质不育）。雄性不育受细胞质的基因控制，其表现为细胞质遗传。通常以单一的细胞质基因 S 和 N 分别代表雄性不育和雄性可育。用可育株花粉给雄性不育株雌蕊授粉，能正常结实，但 F_1 植株仍表现为雄性不育的母体性状，因而不能自交产生 F_2，农业生产上难以利用。

②细胞核雄性不育（核不育）。表现为细胞核遗传，单纯受细胞核基因控制的不育。雄性不育性大多为一对隐性基因（msms）所控制，正常可育性为相对的显性基因（MsMs）所控制。雄性不育株与正常株杂交，F_1 植株为雄性可育（Msms）；F_1 自交产生的 F_2，可育株与不育株之比为 3 : 1，找不到保持系，难以用普通方法保持雄性不育系，在农业生产上也不可能广泛利用。

③核质互作不育。受细胞核内雄性不育基因的主导，并受细胞质和细胞核基因的互作控制，是可以稳定遗传的雄性不育性，表现为核－质互作遗传。其不育不但需要细胞质有不育基因 S，而且需要细胞核里有纯合的不育基因（rfrf），二者同时存在，方能使植株表现为雄性不育。如胞质基因为可育 N，则不论核基因是可育（RfRf）还是不育（rfrf），都表现为雄性可育。同样，如核里具有可育基因（RfRf）或（Rfrf），则不论胞质基因是可育 N 还是不育 S，也都表现为雄性可育。核质互作不育在生产中的应用是通过“三系”即雄性不育系、雄性不育保持系和雄性不育恢复系配套的方式来进行利用（图 2-1-1）。

利用雄性不育系的意义是可以免去人工去雄的工作，且雄性不育性可以遗传，可从根本上免去人工去雄的麻烦，且生产的杂种种子的真杂种率可达 100%。另外可以为一些难于进行人工去雄的植物提供商业化杂种优势利用的途径。

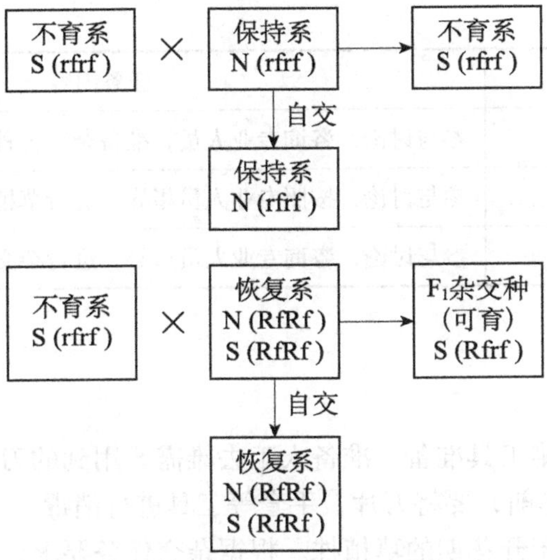

"三系"：不育系S (rfrf)、保持系N (rfrf)、恢复系N (RfRf) 或S (RfRf)
S：雄性不育的细胞质基因，N：正常的细胞质基因，
Rf：恢复可育的细胞核基因，rf：雄性不育的细胞核基因

图 2-1-1 "三系"配套

（6）利用雌性系制种法

即选用雌性系作母本，在隔离区内与父本相间种植，任其自由授粉以配制一代杂种种子的方法。雌性系是指包括全部为纯雌株的纯雌系和全部或大部分为强雌株，小部分为纯雌株的强雌株系。纯雌株指植株上只长雌花不生雄花。强雌株是指植株上除雌花外还有少数雄花。利用雌性系制种，一般采用 3 : 1 的行比种植雌性系和父本系，在雌性系开花前拔去雌性较弱的植株，强雌株上若发现雄花及时摘除，以后自雌性系上收获的种子即为一代杂种。雌性系的保存可以采用化学诱雄法。

- **工具准备**

75% 酒精、尖头镊子、刀片、手套、消毒棉块。

- **材料准备**

处于开花期的草植株。

- **人员准备**

任务分工

任务角色	任务内容
组长：	组织讨论，确定工作内容，分配杂交繁育任务
组员 1：	参与讨论，咨询专业人员，查询相关资料确定杂交育种步骤和要求

（续表）

任务角色	任务内容
组员 2：	参与讨论，咨询专业人员，准备杂交育种材料
组员 3：	参与讨论，按照专业人员指导，进行草植株人工去雄操作
组员 4：	参与讨论，咨询专业人员指导，进行杂交育种操作

任务实施

步骤一：人工去雄工具准备。准备人工去雄需要用到的刀片、手套、酒精、消毒棉块等工具。在操作前，要将刀片、手套等工具进行消毒。

步骤二：选择处于开花期的草植株。根据杂交任务要求，选择适宜人工去雄的处于开花期的草植株。

步骤三：人工去雄识别母本雄蕊。在雄蕊发育期，直接去掉或杀死雄性器官，造成生理不育。

步骤四：完成杂交。选取父本花粉，人工放到雌蕊柱头上，完成授粉杂交育种。

任务检测

请扫码答题。

任务评价

工作活动完成过程评价

班级：__________ 组别：__________ 姓名：__________

项目	评分标准	自我评价	小组评价	教师评价
人工去雄（30 分）	去雄材料准备（10 分）			
	去雄步骤合理（10 分）			
	去雄效果（10 分）			

（续表）

<table>
<tr><th>项目</th><th>评分标准</th><th>自我评价</th><th>小组评价</th><th>教师评价</th></tr>
<tr><td rowspan="3">杂交繁育（30分）</td><td>药品安全使用（10分）</td><td></td><td></td><td></td></tr>
<tr><td>步骤合理准确（10分）</td><td></td><td></td><td></td></tr>
<tr><td>杂交育种效果（10分）</td><td></td><td></td><td></td></tr>
<tr><td rowspan="5">活动完成过程（30分）</td><td>能够根据工作任务资料分析并制订工作计划（5分）</td><td></td><td></td><td></td></tr>
<tr><td>认真思考，积极动手、动脑（5分）</td><td></td><td></td><td></td></tr>
<tr><td>积极参与小组合作与交流，配合默契，互帮互助（5分）</td><td></td><td></td><td></td></tr>
<tr><td>通过小组讨论与再学习完成工作任务（5分）</td><td></td><td></td><td></td></tr>
<tr><td>具有认真严谨的科学态度（10分）</td><td></td><td></td><td></td></tr>
<tr><td>活动效果（10分）</td><td>整体的效果（很好为10分；较好为7～9分；一般为3～6分；较差为0～2分）</td><td></td><td></td><td></td></tr>
<tr><td colspan="2">合计</td><td></td><td></td><td></td></tr>
<tr><td>自我评价与总结</td><td colspan="4"></td></tr>
<tr><td>教师点评</td><td colspan="4"></td></tr>
</table>

任务二 草种子扩繁田间试验

任务导入

草种子生产A公司引进一批新品种良种，要进行扩繁生产，为确保新品种适应性，要进行田间试验。通过田间试验，掌握大田生产（或接近大田生产）条件下，新品种草植株生长发育及其与各种环境条件的关系，并将所得规律应用到草种子生产中。根据田间试验设计的基本方法和步骤，科学严谨、一丝不苟地进行田间试验设计，编写种植计划书，完成田间区划。

任务准备

• 知识准备

1. 田间试验地的选择

基层科技人员在选择试验地时往往喜欢选择交通便利的地点和生活水平相对较高的农户的田地，但是这对于了解和掌握本区施肥的总体情况不利。因此，应特别强调在一定牧草生产区域内选点的随机性和代表性，试验地应覆盖高、中、低不同肥力的土壤，同时试验管理的可靠性也要得到保障。

为确保测土配方施肥田间试验的质量，在试验地条件的选择上，特别强调以下几点。

一是要有代表性。试验地块平坦整齐、土壤肥力均匀等能代表当地土壤一般条件。

二是要有种植利用记录档案。试验地块要有多年的土壤利用田间档案记录，以便了解试验地的土壤状况肥力。尤其是对保护地牧草来说，需要提前观察前茬草生长情况来判断试验地肥力差异概况。

三是要有高水平的管理技能。经营试验地的农户科技意识比较强，有多年丰富的草管理经验和科技水平，便于田间试验数据记录、保存和交流。

供试肥料种类的选择：一般情况下应选择牧草生产中的常用肥料。一是养分含量稳定。如果做某种养分的梯度试验，应选用单质肥料，便于田间肥料的实施；如果是在示范推广中，也可以考虑施用一些磷酸二铵、磷酸二氢钾等二元或三元复合肥。二是质量可靠，不含有害成分。一定要购买正规肥料公司生产并经过质量认证的肥料产品，同时最好在施用前重新分析成分含量，确保其不含影响草植株生长发育及其品质的有害成分。

供试草品种的选择：测土配方施肥田间试验应明确供试草品种，要根据当地草生产的实际情况，一般宜选择当地最具代表性、经济效益好的主栽草品种或选择拟推广、引进的草种进行田间试验。

试验地块的区划：在采集基础土壤样品之后，可进行整地、施肥、区划试验地、设置保护行等试验准备。为保证试验的精度，应尽可能减少人为因素、土壤肥力和气候的影响，田间试验一般设 3～4 个重复（或区组）。采用随机区组排列，区组内土壤肥力、地形等条件应相对一致，区组间允许有误差。

2. 田间试验小区设计

按照试验的目的要求和试验地的具体条件，将各试验小区在试验地上做最合理的设置和排列，称为田间试验设计。正确的田间试验设计，可以有效地减少试验误差和估算误差，这都有利于试验的准确性和试验效率的提高。

试验小区的设置主要包括确定适当的处理数目、小区面积、小区形状、重复次数以及设置对照区和保护行（区）等问题。

（1）处理数目

组织试验需要考虑适当的处理数目，处理数目过少，影响试验的准确性及代表性，试验效果差，意义不大；处理数目过多，用地面积大，肥力差异悬殊，工作量大，也影响试验结果的准确性。因此，一个试验的处理数目一般以 5～10 个为宜。

（2）小区面积

采用适当的试验小区面积，可以减少由于土壤肥力差异所引起的误差。一般情况下，随着小区面积的不断增大，误差逐渐减少。但是，减少不是同比例的，试验精确度的提高程度往往落后于小区面积增大的程度。小区增大到一定程度后，误差的降低就不明显。所以，如果采用很大的小区，并不能有效地降低误差，却要多费人力和物力。对于一块一定面积的试验地，增大小区面积，重复次数必然要减少，所以要权衡得失大小。总的来说，增加重复次数比增大小区面积能更有效地降低试验误差，提高精确度。

（3）小区形状

试验小区的形状一般有两种，正方形和长方形。以哪种为好，多从下面两方面考虑。

①误差大小 。长方形有较大的准确性。原因在于长方形不易独占肥力斑块，且处理较多时，各小区按窄边排在一起，不致占地太长，可减少趋向性肥力差异引起的误差。

②田间操作便利性。一般田间作业，都以长方形比较方便。如用机器操作，可减少机器转向次数，所以，试验小区形状一般以长方形为好，长宽比例一般以 3 ：1 至 5 ：1 为宜，大区试验的长宽比例不受此限制。对邻区边行影响较大的试验，如肥料试验、灌溉试验、病虫害防治试验等，宜采用正方形或接近正方形的小区形状，可以减少边行影响的面积。

（4）重复次数

在田间试验中，由于重复可以有效地减少土壤肥力差异引起的误差，因而大都在试验设计中采用重复。重复的次数一般为 3～4 次，重复次数过少，试验误差大，准确度低，反之则增加工作量，占用大量人力物力，易产生人为试验误差，也不能有效地保证试验的准确性。

（5）设置对照区和保护行（区）

为了比较试验中各个处理的优劣，常设置一种处理作为各处理比较的共同标准。这种作为比较标准的处理，称为对照处理。对照区的数目多少及其在试验地中的位置，若设计得当，不仅可以减少土壤肥力所引起的差异，而且也便于田间观察比较。对照数目的多少，视试验性质及设计方法而定。数目多一些便于比较，但数目过多则不经济，占土地面积大，投入多。在试验中采用什么处理作为对照处理呢？一般采用当地生产中具有代表性的品种或技术措施作为对照，如新品种比较试验，常选取当地同类型的当家品种作为比较标准；肥料试验可用“不施肥”的处理作为对照等等。

（6）小区播种量的计算

将供试品种材料取出，加以整理和清选，去掉种子内夹杂的其他品种的种子、杂草种子及土块、石子、茎秆等，再用种子筛选出大而饱满的种子。根据种子的发芽率、净度、千粒重，计算出小区播种量。方法如下：

$$种子用价=种子发芽率\times 种子净度/100\%$$

$$每公顷理论播种量=每公顷苗数\times 千粒重/1\,000$$

$$每公顷实际播种量=每公顷理论播种量/种子用价$$

$$小区播种量=每公顷实际播种量\times 小区面积$$

按计算出的小区播种量将各小区种子分别称出，装入纸袋，纸袋上写明名称及种子数量，并将对照品种种子依上法同样处理，然后对种子袋进行统一编号。在对比法排列时，每隔两个品种设一个对照品种；在间比法排列时，每隔 4～9 个品种设一个对照；随机排列时，每一个重复内设一个对照。种子排列完毕后，按顺序放置在瓷盘内，以备播种。

3. 田间试验的方法和步骤

田间试验活动的主要依据是田间试验计划书。试验的水平与结果都与计划书的制订正确与否有着密切的联系，因此，制订田间试验计划书时，必须遵循主客观条件，力求能体现出代表性、科学性及实用性的特点。田间试验计划书一般包括种植计划、田间种植规划图和观察记录表（包括考种表）（表 2-2-1）。

（1）种植计划

种植计划一般包括下列项目。

①试验名称、地点及时间。

②试验目的及其依据，包括现有的科研成果、发展趋势及预期效果。

③试验地基本情况，包括试验地面积、位置、土质、地形、前茬及水利条件等。

④试验处理方案，主要包括试验处理及试验材料名称等。

⑤试验设计，包括小区面积、长度、宽度、行数、重复次数及排列等。

⑥整地播种及田间管理措施。

⑦田间观察记载和室内考种、分析测定内容及方法。

⑧计划编制人及执行人姓名。

（2）田间种植规划图

田间种植规划图是试验各部分的布局和具体设计，它是试验地田间区划的依据（图 2-2-1）。田间种植规划计划图必须结合试验地的具体条件妥善拟定，具体应注意以下几个问题。

①牧草育种试验的鉴定圃、品种比较试验和区域试验等的小区试验、土肥试验，一般宜设在试验地土壤肥力最均匀的地段；育种试验的亲本、观察材料和良种繁育区对肥力的要求可以放宽。

②计产的小区试验，各重复内肥力应相对均匀一致，重复间允许有一定肥力差异，设置小区时，应注意肥力趋向或坡向。

③合理安排试验地的排灌渠道及人行道、观察记载通道等的位置。人行道宽度一般为 0.5 m。

④每个试验小区（或每行试验观察材料）都要顺序编号，整个试验中不得有重号，应插牌做好标记。

表 2-2-1 田间试验计划书

试验名称：		负责单位：	
目的及主要研究内容：			
试验区总面积：		前作及试验地概况：	
本年耕作、施肥、灌水及田间管理计划			
供试品种（或处理项目）：			
对照品种（或处理）：		小区形状及面积：	
排列方法：		重复次数：	
行距：	株距：	区距：	走道宽度：
播种量：		覆盖植物品种：	播种量：
播种方式：	播种期：	保护行品种：	
种子来源及生产年份：			
种子处理情况			
耕作、灌水、施肥及田间管理是否符合要求：			
试验区的规划，播种有无差错：			
本年气象特点及自然灾害：			

注：本表背面绘制田间种植规划图。

填写日期： 年 月 日

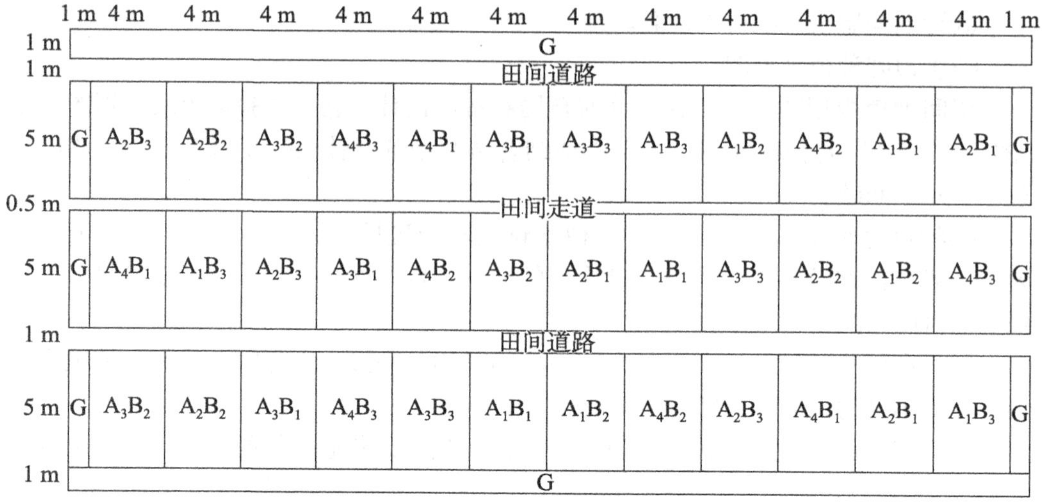

图 2-2-1　田间种植规划图

说明：双因素随机区组设计，其中 A 因素 4 个水平，B 因素 3 个水平，共 12 个处理，3 次重复。

（3）田间试验应注意下面几个环节。

①完全掌握试验所处的自然条件和栽培条件。

②有准确、完整、及时的田间观察记载，以便分析产生各种试验结果的原因，找出规律。

③每项试验最好在本地重复 2～3 年，以便弄清草对不同气候条件的反应。同时，还应在不同地区进行区域性试验，以获得比较全面、可靠的试验资料。

（4）田间观察记载

观察记载是田间试验的一项不可缺少的重要工作。在草植株的生长发育中，只有认真地观察并记载草植株与环境条件的反应及草种自身的特征特性，才能积累大量的资料，有助于试验结果的分析，以便得出正确结论。田间观察记载及考种项目有如下四项。

①试验地田间栽培技术的观察记载。记载田间栽培技术，如播种、施肥、灌溉、中耕培土、防治病虫害等的时间、方法、数量及效果，有助于正确分析试验效果。

②气候条件的观察记载。气候条件对草植株的生长发育有很明显的影响。正确记载试验过程中的气候条件和对草植株各生育期的影响，分析环境条件与草植株生长发育之间的变化规律，对探讨适应性、抗逆性等有着重要作用。

③物候期的观察记载。豆科草的观察记载项目主要有出苗期、分枝期、现蕾期、开花期、结荚期及成熟期等；禾本科草的观察记载项目有出苗期、分蘖期、拔节期、孕穗期、抽穗期、开花期、成熟期等。

④主要经济性状的调查。草植物经济性状的调查项目较多，如幼苗习性、苗色、株形、株高、茎秆粗细、基本苗、有效穗数、每穗粒数、穗型、壳色、千粒重、粒色、饱满度等，对草种子制种有着非常重要的实际意义。

- **工具准备**

测绳、皮卷尺、标杆、瓷盘、天平等。

- **材料准备**

草品种 5 个、纸袋、铅笔、记录表。

- **人员准备**

任务分工

任务角色	任务内容
组长：	组织讨论，确定工作内容，分配工作任务，完成田间试验
组员 1：	参与讨论，编制完成田间种植图，并参与小区种植
组员 2：	参与讨论，计算田间播种量，划分种植小区
组员 3：	参与讨论，确认具体种植方法，并参与小区种植
组员 4：	参与讨论，查询相关资料完成任务书填写，并参与小区种植

任务实施

步骤一：田间试验地选择。随机选择地块平坦整齐、土壤肥力均匀等能代表当地土壤一般条件的试验地作为田间试验地。

步骤二：编制种植任务书。根据任务书编制的方法和步骤完成种植任务书的编制。

步骤三：填写田间试验任务书。完成田间种植图的绘制和田间试验任务书的填写。

步骤四：田间试验观测。认真地观察并记载草植株与环境条件的反应及草植株生长发育特征特性，分析结果。

任务检测

请扫码答题。

任务评价

工作活动完成过程评价

班级：__________ 组别：__________ 姓名：__________

项目	评分标准	自我评价	小组评价	教师评价
种子准备（30分）	种子用价计算（10分）			
	播种量计算（10分）			
	小区播种量计算（10分）			
种植（30分）	耕作合理（10分）			
	施肥合理（10分）			
	灌水合理（10分）			
活动完成过程（30分）	能够根据工作任务资料分析并制订工作计划（5分）			
	认真思考，积极动手、动脑（5分）			
	积极参与小组合作与交流，配合默契，互帮互助（5分）			
	通过小组讨论与再学习完成工作任务（5分）			
	具有认真严谨的科学态度（10分）			
活动效果（10分）	整体的效果（很好为10分；较好为7～9分；一般为3～6分；较差为0～2分）			
合计				
自我评价与总结				
教师点评				

任务三　草种子防杂保纯

任务导入

草种子生产 A 公司引进一批新品种良种，要进行繁育生产，须防止品种混杂退化导致草种子纯度下降、种性变劣、出现变异。为确保所生产出的草种子具有新品种的优良品质，保证品种价值和播种价值，需要严格按照草种子防杂保纯要求进行防杂保纯，在完成种子保纯工作中要有高度的责任心，培养一丝不苟、兢兢业业的敬业精神。

任务准备

- **知识准备**

1. 品种混杂退化

一个优良品种，在生产上可以连续几年发挥其增产作用。但任何一个品种的种性都不是固定不变的。随着品种繁殖世代的增加，往往会由于各种原因引起品种的混杂退化。

品种混杂退化是指新品种在推广过程中纯度下降、种性变劣的现象。品种混杂是指一个品种群体中混进了其他品种或者是不同草的植株或种子，或上一代发生了天然杂交或基因突变，导致后代群体出现变异类型的现象。品种退化是指品种某些经济性状变劣的现象，即品种的生活力降低，抗逆性减退，产量和品质下降。

品种混杂造成品种纯度降低，品种退化使品种经济性状变劣、抗逆性减退、产量降低、品质下降，从而丧失原品种在草业生产上的利用价值。品种的混杂和退化有着密切的联系，混杂容易引起退化并加速退化，退化又必然表现混杂。

品种混杂退化是草业生产中的一种普遍现象。品种混杂退化后，品种的典型性降低，田间群体表现出株高参差不齐，成熟期早晚不一，抗逆性减退，经济性状或品质性状变劣，杂交种亲本的配合力下降。其中典型性下降是品种混杂退化的最主要表现，会给田间管理带来困难，还会增加病虫害传播蔓延的机会；产量和品质下降是混杂退化最主要的危害。可见，品种的混杂退化是草业生产中必须重视并及时加以解决的问题。

2. 品种混杂退化的原因

引起品种混杂退化的原因很多，而且比较复杂。有的是一种原因引起的，有的是多种原因综合作用造成的。不同植物、同一植物不同品种以及不同地区之间混杂退化的原因也不尽相同。归纳起来，品种的混杂退化主要有以下几种类型。

（1）机械混杂

机械混杂是在种子生产、加工及流通等环节中，由于条件限制或人为疏忽，导致异品种或异种种子混入的现象。

如在种子处理（晒种、浸种、拌种、包衣）、播种、补种、补栽、收获、脱粒、贮藏和运输等作业过程中人为疏忽或不按种子生产操作规程，使繁育的品种内混入了其他品种或其他种的种子，则会造成机械混杂。此外，由于留种田选用连作地块，前作品种自然落粒的种子和后作的不同品种混杂生长，也会引起机械混杂。由于施用未腐熟的有机肥料，其中混有其他具有生命力的种子，也可能导致机械混杂。机械混杂影响种子的纯度，同时增加了生物学混杂的机会，是品种混杂的最主要原因。

机械混杂有两种情况，第一种是混进同一植物其他品种的种子，即品种间的混杂。由于同种植物不同品种在形态上比较接近，田间去杂和室内清选较难区分，不易除净。所以，在良种繁育过程中应特别注意防止品种间混杂的发生。第二种是混进其他草种或杂草的种子。这种混杂不论在田间或室内，均易区别和发现，较易清除。

如不对已经发生机械混杂的品种采取有效措施及时处理，其混杂程度就会逐年增加，致使该品种退化，直至丧失使用价值。所以，在种子生产工作中，应特别重视防止机械混杂的发生。

（2）生物学混杂

生物学混杂是由于天然杂交而造成的混杂。在种子生产过程中，将因为隔离条件差或去杂去劣不及时、不严格导致天然异交使后代产生性状分离而造成的混杂称为生物学混杂。生物学混杂一般是同种植物不同品种间发生天然杂交，造成品种间的混杂。但有时同种植物在亚种之间也能发生天然杂交。

有性繁殖草种均有一定的天然杂交率，尤其异花、常异花授粉草种，天然杂交率较高，若不注意采取有效隔离措施，极易发生天然杂交，致使后代产生分离，出现不良单株，导致生物学混杂，而且混杂程度发展很快。生物学混杂影响种子的纯度，是异花和常异花授粉植物品种混杂退化的最主要原因。自花授粉草种天然杂交率较低，但在机械混杂严重的情况下，天然杂交机会增多。也会因一定数量的天然杂交而产生分离，使良种种性变劣。

（3）品种自身的性状分离和基因突变

一个品种在推广以后，品种本身残存杂合基因的分离重组或存在基因突变等原因而引起性状变异，导致混杂退化。

①品种自身的性状分离

一个新品种在审定推广时，可以看成是一个纯系。但纯是相对的，个体间的基因组成总会有些差异，尤其是通过品种间杂交或种间杂交育成的品种，虽然主要性状表现一致，但次要性状常有不一致的现象，即有某些残存杂合基因存在。特别是那些由微效多基因控制的数量性状不可能完全纯合。因此在种子生产过程中，随着繁殖世代的增加，这些不纯合的基因必然会继续重组和分离，从而使后代个体间性状上的差异逐渐增多而引起品种混杂退化。

②基因突变

在各种自然条件的影响下，品种有时会由于某种特异环境因子的作用而发生基因突变。虽然发生基因突变的频率很低，但广泛存在，而且大部分突变对草种子生产是不利的。如果这些变异株通过自然选择留存下来，在种子生产中又没有及时被发现和去除，就会通过自身繁殖以生物学混杂的方式使后代群体中变异类型和变异个体数量增加，导致品种混杂退化。

（4）不正确的选择

在种子生产过程中，特别是在品种提纯复壮时，如果对品种的性状不了解或了解不够，不能按照品种性状的典型性进行选择和去杂去劣，就会使群体中杂株增多，导致品种的混杂退化。如在间苗时，人们往往把那些表现好的、具有杂种优势的杂种苗误认为是该品种的壮苗加以选留、繁殖，结果造成混杂退化。在品系繁殖过程中，人们也经常把较弱品系的幼苗拔掉而留下壮大的杂交苗，这样势必加速混杂退化。

在提纯复壮时，如果选择标准不正确，而且选株数量又少，那么，所繁育的群体种性失真就越严重，保持原品种的典型性就越难，品种混杂退化的速度就越快。

（5）不良的生态条件与栽培技术

一个优良品种的优良性状是在一定的环境条件和栽培条件下形成的，如果环境条件和栽培技术不适宜品种生长发育，则品种的优良种性得不到充分发挥，导致某些经济性状衰退、变劣。特别是异常的环境条件，还可能引起不良的变异或病变，严重影响产量和品质。

（6）不良的授粉条件

对异花、常异花授粉草种而言，自由授粉受到限制或授粉不充分，会引起品种退化变劣。

（7）病毒侵染

病毒侵染是引起某些无性繁殖植物混杂退化的主要原因。病毒一旦侵入健康植株，就会在其体内扩繁、传输、积累，随着无性繁殖，会使病毒由上一代传到下一代。一个不耐病毒的品种，到第 4～5 代就会出现绝收现象；即使是耐病毒的品种，其产量和品质也严重下降。

综上所述，草品种混杂退化有多种原因，但各自的作用效果不同。一般以机械混杂和生物学混杂比较普遍，起主要作用。各种因素间也是相互联系、相互影响、相互作用，任何改变群体遗传平衡的因素，都可能使品种群体的性状表现发生变化，从而导致混杂退化的发生。因此在种子生产过程中，在找到品种混杂退化的原因并分清主次的同时，采取合理而有效的综合措施才能有效地解决防杂保纯这一难题。

3. 防止草种子混杂的方法

品种发生混杂退化以后，纯度显著降低，性状变劣，抗逆性减弱。最后，导致产量下降，品质变差，不仅给生产造成损失，而且品种本身亦会失去利用价值。因此，在种子生产中必须采取有效措施，防止和克服品种混杂退化现象的发生。针对品种发生混杂退化的原因，应该从种子生产的各个环节抓起，坚持“防杂重于除杂，保纯重于提纯”的原则。建立健全良种繁育体系，制定严格的种子繁育规划，建立健全良种繁育体系是防杂保纯的组织保证。从种子准备到收获贮藏的整个过程中必须认真执行良种繁育规划，合理安排繁殖田的轮作和耕种，注意种子的接收和发放手续，做好种子的播前处理和播种，收、运、脱、晒、藏等每个工作环节都要杜绝混杂的产生。逐步建立“育、繁、推、销”一体化的种子生产运行机制，采取有效措施防止品种混杂退化。

（1）严防机械混杂

机械混杂是品种混杂退化的主要原因之一，预防机械混杂是保持品种纯度和典型性的重要措施。在繁种田块安排、种子准备、播种出苗、田间管理、收获、贮藏的全过程中，必须认真遵守种子生产规则，合理安排繁殖田的轮作和耕种，注意种子的接收和发放手续，认真执行“种、收、运、脱、晒、藏”的操作技术规程，从各个环节杜绝机械混杂的发生。

①合理轮作和耕作。种子繁殖田一般不宜连作，以防上季残留种子在下季出苗而造成混杂，合理安排种子生产田的轮作倒茬，避免施入未腐熟的有机肥，种子的接收、发放、处理、播种要按品种和质量等级严格分开，收获、脱粒、晾晒、包装、入库、运输、贮藏等作业也要按品种和等级分开进行，操作用具及场地等必须严格清理，专人负责。并注意及时中耕，以消灭杂草。在草种布局上，种子生产一定要把握规模种植的原则，建立集中连片的种子繁育基地，切忌小块地繁殖。并且在同一区域内不生产相同植物的不同品种，从源头上切断机械混杂和生物学混杂的机会。

②把好种子接收发放关，防止人为错误。在种子的接收和发放过程中，要认真核实，严格检查种子的纯度、净度、发芽力、水分等，鉴定品种真实性和种子等级，如有疑问，必须核查解决后才能播种。

③把好播前种子处理和播种关。播种前的种子处理，如晒种、选种、浸种、催芽、拌种、包衣等，必须做到不同品种、不同等级的种子分别处理，种子处理和播种时，用具必须清理干净，并由专人负责。

④严把收获脱粒、晾晒、储存关。不同品种不得在同一个晒场上同时脱粒、晾晒。贮藏时，不同品种以及同一品种不同等级的种子必须分别存放。种子要装袋，并在种子袋内外各放一标签，标明品种名称、产地、等级、生产年代、重量等。各项操作的用具和场地，必须清理干净，并由专人负责，认真检查，以防混杂。

（2）注意隔离，防止生物学混杂

对于容易发生天然杂交的异花、常异花授粉的草种，必须采取严格的隔离措施，要设置足够的隔离区，隔离区内严禁种植本种其他品种，防止天然杂交，避免因风力或昆虫传粉造成生物学混杂。自花授粉的草种也要进行隔离，隔离的方法有空间隔离、时间隔离、自然屏障隔离、高秆植物隔离等，对量少而珍贵的材料，也可用人工套袋法进行隔离。

空间隔离：各种草由于花粉数量、传粉能力、传粉方式等不同，隔离的距离也不一样。

时间隔离：通过播种时间的调节，使繁殖种子的品种植株开花时间与其他品种错开，一般错期 25～30 d 即可实现时间隔离。

自然屏障隔离：利用山丘、树林、果园、村庄等进行隔离。

高秆植物隔离：采用高秆的其他植物进行隔离。

套袋隔离：是最可靠的隔离方法，一般在提纯自交系、生产原种以及少量的蔬菜制种时使用。

（3）严格去杂

草种子生产过程中，应严格去杂去劣，一般常规品种良种生产以该品种性状表现明显的成熟期为主，杂交繁育田和亲本繁殖田则以开花散粉期为主，结合其他阶段进行，田间管理时应随见随去。原种繁殖田和亲本繁殖田去杂去劣更要严格，不能确认的怀疑株应一并去掉。种子繁殖田必须坚持严格的去杂去劣措施，一旦繁殖田中出现杂劣株，应及时除掉。杂株指非本品种的植株。劣株指本品种感染病虫害或生长不良的植株。去杂去劣应在熟悉本品种植株各生育阶段典型性状的基础上，在草植株不同生育时期分次进行，务求去杂去劣干净彻底。

加强选择、提纯复壮是促使品种保持高纯度，防止品种混杂退化的有效措施。在种子生产过程中，根据植物生长特点，采用群选、株选或混合选择法留种可防止品种混杂退化，提高种子生产效率。

（4）定期更新、更换

品种更新是指用纯度高、种性好的同一品种的优质种子去替换已经混杂退化了的种子。品种更换是指用新培育的优良品种替换生产上相形见绌的老品种，尽快发挥新品种的增产作用。种子生产单位应不断从品种育成单位引进原种，繁殖原种，或者通过选优提纯法生产原种，始终坚持用纯度高、质量好的原种繁殖大田生产用种子，是保持品种纯度和种性、防止品种混杂退化、延长品种使用寿命的一项重要措施。此外，要根据社会需求和育种科技发展状况及时更新品种，不断推出更符合人类要求的新品种，是防止品种混杂退化的根本措施。因而，在种子生产过程中，要加强引种试验，密切与育种科研单位联系，保证主要推广品种的定期更新。

（5）改善环境条件与栽培技术

对于某些植物可采用改变种植区生态条件的方法，进行种子生产，以保持品种种性，防止混杂退化。

4. 防杂保纯繁育规划

（1）选址规划

草种繁育基地应选择地势平坦、土壤肥沃、水源充足的地块，以确保良好的生长条件。同时，应考虑基地周边环境，避免污染源对草种繁育的影响。

（2）基础设施建设

在选址规划确定后，须对基地进行基础设施建设，包括温室大棚、灌溉系统、育苗设施等，以提供良好的生长环境和管理条件。

（3）引进优质草种资源

基地应根据当地气候环境和草业需求，引进适合的优质草种资源，以确保繁育出符合市场需求的优良品种。

（4）科学管理

在草种繁育过程中，需要科学施肥、合理灌溉、及时除草、病虫害防治等，以保证草种的生长健康和品质。

（5）技术培训

为了提高基地管理人员的技术水平，应进行相关技术培训，使其掌握草种繁育的基本理论和实际操作技能。

（6）监测评估

建立草种繁育基地的监测评估体系，定期对草种植株生长情况、产量和品质进行监测评估，及时调整管理措施，确保草种繁育工作的顺利进行。

知识链接 2-3-1

GB/T 2930.7—2017《草种子检验规程种 及品种测定》

- **工具准备**

样品袋、镊子。

- **材料准备**

繁育期草植株。

- **人员准备**

任务分工

任务角色	任务内容
组长：	组织讨论，确定工作内容，分配工作任务，完成防杂保纯任务
组员 1：	参与讨论，咨询专业人员、查询相关资料确定正确的防杂保纯方法
组员 2：	参与讨论，根据讨论结果完成防杂保纯工作
组员 3：	参与讨论，根据讨论结果完成防杂保纯工作
组员 4：	参与讨论并实施，完成防杂保纯任务，记录结果

任务实施

步骤一：制订草种子繁育规划。熟悉良种繁育体系，制订严格的草种子繁育规划。

步骤二：防止生物学混杂。根据草种子繁育规划，进行合理隔离，防止生物学混杂。

步骤三：防杂保纯。严格去杂去劣，防止品种混杂，做好防杂保纯。

任务检测

请扫码答题。

任务评价

工作活动完成过程评价

班级：＿＿＿＿＿＿　　组别：＿＿＿＿＿＿　　姓名：＿＿＿＿＿＿

项目	评分标准	自我评价	小组评价	教师评价
良种繁育体系（20分）	了解种子繁育规划（10分）			
	熟悉良种繁育体系（10分）			
防杂保纯方法（40分）	防止机械混杂（10分）			
	防止人为混杂（10分）			
	隔离防杂（10分）			
	去杂去劣（10分）			
活动完成过程（30分）	能够根据工作任务资料分析并制订工作计划（5分）			
	认真思考，积极动手、动脑（5分）			
	积极参与小组合作与交流，配合默契，互帮互助（5分）			
	通过小组讨论与再学习完成工作任务（5分）			
	具有认真严谨的科学态度（10分）			
活动效果（10分）	整体的效果（很好为10分；较好为7～9分；一般为3～6分；较差为0～2分）			
合计				
自我评价与总结				
教师点评				

任务四 草种子退化防止

任务导入

草种子生产A公司引进一批新品种良种，要进行繁育生产，在草种子繁育中尽可能防止草种子退化。一个优良品种，在生产上可以连续几年发挥其增产作用，但任何一个品种的种性都不是固定不变的。随着品种繁殖世代的增加，存在各种原因引起品种的混杂退化，致使草种子产量、品质降低，从而丧失原品种在草业生产上的利用价值。需要严格按照草种子防止退化要求进行退化防止，在防止草种子退化工作中要有高度的责任心，培养一丝不苟、兢兢业业的敬业精神。

任务准备

• 知识准备

品种退化一般表现为植株不整齐，成熟不一致，优良性状变差，失去品种原有的优良特性。生产上的主要表现是产量降低、品质变劣、抗逆性减弱。例如，禾本科草品种退化表现为植株变矮，穗子变小，每穗结实数减少，结实率降低，千粒重减轻；豆科草品种退化则表现为落花、落荚率高，结实率低，荚粒数少，籽实瘦小，越冬率低等。

1. 引起品种退化的原因

（1）机械混杂

在草种子品种的繁育过程中，因未按照种子生产的技术规程，混进了不同种或不同品种的种子。这种情况发生在种子处理、拌种、浸种子播种、移苗、补种、收获、脱粒、包装、贮藏和运输过程中。易落粒的前茬草收获不及时，在田间自然落粒后会造成机械混杂。未腐熟的有机肥常夹带异种植物的种子，长出的植株和当年草混在一起，也会造成机械混杂。由于当前的承包分户经营，每一家为一个生产单位，邻近田地种植的品种不同，而又同时作业，同时收获，很容易造成机械混杂。机械混杂是品种混杂的主要原因。因此，在良种繁育中应特别注意。对已发生机械混杂的种子，若不及时除杂，会增加天然杂交机会而加剧品种退化，尤其是异花授粉型的草种。

（2）生物学混杂

由于天然杂交而产生的混杂称为生物学混杂，俗称“串花”“串粉”。异花授粉和常异花授粉的草品种在种植过程中，由于未进行隔离或隔离距离太近，而与其他品种或其他草种发生天然杂交，使后代出现一些变异的不良个体，破坏了原品种的一致性和丰产性，失去了原品种的典型性，从表现出退化的现象。如植株的高矮不齐、成熟不一、籽粒形状颜色多样等。特别是异花授粉的草种，最容易造成生物学混杂，在同一地区内种植较多品种时，天然杂交的机会更多。在机械混杂和生物学混杂的双重影响下，良种很快变劣。自花授粉的草种，天然杂交率虽然很低（一般在1%～4%），一旦发生自然杂交，同样会产生变异和分离，加重混杂程度，加速种性的退化。

（3）品种本身遗传性发生变化

一般来说，自花授粉牧草，其优良品种是一个纯种。但完全的纯种是没有的，目前在生产上所用的品种，大多数是用杂交方法选育而成的，经过多次自交选择，纯合程度较高，这些品种主要性状看起来很一致，但总有一些杂合基因继续存在，遗传基础比较复杂，某些性状还不稳定，后代仍可能继续出现分离并进一步纯合化，其结果会导致一些预想不到的退化混杂。还有些育种单位急于求成，往往把一些表现优异而遗传性尚未稳定的杂交后代材料提前出圃，提交中试和推广，如繁育过程中不进行严格选择，也会很快出现混杂退化现象。

（4）自然突变

一个品种推广后，在各种自然条件的影响下，有可能产生各种不同的遗传变异。一般情况下，就单一基因而言，自然突变率很低，但在一个群体中，则是经常发生的。天然杂交率虽然不高，但开花数量极大，经过连续几年的种植后，突变性状便得以保存和积累，导致品种的混杂退化。

（5）人工选择过程中的失误

与自然选择相比，人工选择比较多样化，能顾及长远的适应性，看重某些单独性状，效果快捷，其结果是植物适应人的利益，人工选择是进行牧草种子生产时防杂保纯的重要手段。正确的人工选择可以保持品种的原有特性，但因为认识上的局限性，在良种繁育过程中，往往由于不了解选择的方向和不掌握被选择品种的特点等原因，采用了不正确不合理的人工选择，未能抓住优良品种的关键特性、特征进行选择，又没有把非典型的和生活力弱的个体加以淘汰。如对多年生草不是选择生命力强和产量高的植株及后代，而只是从保持品种的纯度与典型性的角度进行选择，久而久之，杂株、劣株就会越来越多，品种的抗逆性和丰产性就会逐渐降低。

在进行禾草混合选择时，若对品种的特性掌握不全面、不准确，仅选择大穗种子混合起来作种子用，以后往往会形成高矮、成熟期、穗形、叶片大小等性状不齐的品种混系。在进行单株选择时，如果选择了一个优势单株，而这个单株是串了粉的杂种，其后代也会产生性状分离而导致品种混杂退化。

不适当的栽培技术、不良的外界环境条件，都有可能引起品种的退化。优良品种的特征特性，是在一定的生态条件和栽培条件下形成的，如果这些条件得不到满足，品种的优良种性就得不到充分发挥，从而导致品种经济性状的变异和退化。要求高水肥的品种，长期在瘠薄土壤上种植，丰产性会减弱。一个品种在同一地区相对一致的栽培条件下长期栽培时，削弱了品种对变化着的环境条件的适应性，也会造成品种退化。人们一般把苜蓿种在丘陵地上，水土流失严重，土质贫薄，又不施肥，不浇灌，不锄草，一年内多次刈割放牧，以致植株低矮瘦弱。在此情况下留种，年复一年，自然会造成严重的品种退化。

2. 防止草种子退化的措施

草种子发生退化以后，性状变劣，抗逆性减弱，最后导致产量下降，品质变差，给草种子生产造成损失，品种也失去利用价值。因此，必须采取有效措施，防止和克服品种的退化现象。

防止草种子退化是一个比较复杂的问题，技术性和时间连续性强，涉及良种繁育的各个环节。要做好这项工作，就必须建立健全良种繁育体制，制定规章制度，搞好种植规划，加强检查监督，建立一支过硬的良种繁育技术队伍，使每个承担繁育任务的人员都能明白防止品种退化的重要性，并熟练地掌握操作技术。

良种繁育过程中，防止品种退化，并使已经发生退化的品种达到复壮的目的，就必须根据品种退化的原因，采用一系列安全有效的措施和方法。主要有防止机械混杂、采用隔离措施、去杂去劣、人工选择和建立复壮制度等。

（1）合理布局

简化品种是保纯的重要条件之一。目前生产上种植的草品种较多，极易引起混杂，良种保纯极为困难。各地应通过试验确定适应当地推广栽培的主要草品种，合理搭配两三个不同特点的品种，克服多、乱、杂现象。在一定时期内保持品种的相对稳定，品种更换不要过于频繁。同一品种实行集中连片种植，减少因机械混杂引起的天然杂交，避免品种的生物学混杂。

（2）建立健全品种的保纯制度

在草种子的生产、管理和使用过程中，应制定一套必要的防杂保纯制度和措施，切实按照良种繁育的操作规程，从各个环节上杜绝混杂的发生。要认真搞好规划，建立集中连片、规模适度的繁育基地。有条件的要做到一村一种（一个世代）或一个生产小组一个品种，以防混杂。合理安排繁殖田轮作和耕作。繁殖田不可重茬连作，因为有些草结实期落粒性很强，如老芒麦、黑麦草等。上个生产季残留的种子在下季发芽出苗，造成混杂。因此，同一地块种植一种草后，再种植同一种的不同品种或者不同种但彼此不易区分的草（披碱草、羊草、冰草等种间及苜蓿品种间均在外观上不易区分）时，应间隔 3 年以上的时间。最好禾本科草与豆科草轮换种植，这样既有利于防止前后收获种子的机械混杂，又可以减少病虫害，同时也可以保持和提高土壤肥力。要进行精细耕作，消灭杂草，还要注意耕作种子田时，不能以未腐熟的植物秸秆作底肥。特别是在种壳、糖皮中，残留籽粒较多，未经腐熟不得使用。

注意种子接收和发放过程中的混杂。在接收或发放种子过程中，一定要检查种子袋内外标签是否相符，并严格检查其纯度。若发现有疑问，必须在彻底解决后才能播种。种子袋和运送车在处理完一个品种后，要彻底清洁，以防混杂。

重视种子处理和播种中的混杂。对播种前的选种、浸种、拌种、催芽、硬实处理、打破休眠处理、药剂处理等，必须做到不同品种分别处理，用具洗净，固定专人负责。播种时，做到品种无误、盛种工具和播种工具不应有其他异品种种子。同一草种不同品种的地块及不同草种株穗、籽粒不易分离的地块都应相隔远一些，若不得不相邻种植时，则两块地之间要有适当间隔距离。

防止收、运、脱、晒、藏等环节中的混杂。种子收获时要实行单打、单运、单晒、单藏。先收获高级种子的田块，并且先将不作种用的植株收割运走。各品系收获后不可堆放得太近，尽量不要在同一个场地上脱粒。脱粒时要做到一场一种，每脱粒完一个品种后要彻底认真地清扫。不同草品种在同一晒场晾晒时，应有隔离设备，以防混杂。已晒干和经过清选的种子，应按规定装入结实的口袋，最好用布袋。袋子内外均应有标签注明品种名称、产地、等级、采种年份、重量，验收登记入库存放。种子出库、播种、收割、打场、入库等各项工作都要有专人负责，严格认真地做好管理工作，经常检查，以防混杂。

（3）采取隔离措施

许多牧草和饲料作物是异花授粉植物。对于异花授粉草的种子生产，如豆科中的紫花苜蓿、黄花苜蓿、红豆草、红三叶、杂三叶、黄花草木樨、百脉根等，禾草中的鸭茅、一年生黑麦草、多年生黑麦草、老芒麦、狗牙根、小糠草、偃麦草、高燕麦草及各种冰草等，以及常异花授粉草的种子生产如细齿草木樨、鹰嘴豆、饲用蚕豆、高粱等，在繁殖和制种过程中，为防止互相串粉，预防天然杂交，要进行严格的隔离。自花授粉草也要适当隔离，隔离的方法可采用空间隔离、时间隔离、障碍物隔离和高秆植物隔离等。

①空间隔离。各种草根据花粉数量、传粉能力、传粉方式等的不同，合理安排种植地段，确定不同的隔离距离。异花授粉草的距离要远一些，如虫媒花的紫花苜蓿、草木樨、红豆草、三叶草等，空间距离为 1 000～1 200 m；风媒花草的黑麦草、羊草、无芒雀麦、披碱草、老芒麦等为 400～500 m；自花授粉草的间隔距离为 30～50 m。没有条件设置隔离区时，也可以在种子田开花前，将四周一定距离范围内的同一种不同品种的草刈割作为牧草使用，推迟或者不让其开花，也能达到隔离的目的。空间隔离的距离，还与种子田面积和种子田所繁殖的种子用途有关。种子田面积大时其隔离距离可适当缩小；反之，则应适当增大。种子田繁殖出来的种子，如作繁殖用种时，其距离应大些；如作牧草生产用种时，其隔离距离可适当缩小。

②时间隔离。就是通过提早或推迟播种时间，使主栽品种与其他品种的开花时间错开，而不致发生天然杂交的方式，实现隔离的目的。或对不作种用的草进行提前刈割，以消除因天然杂交而引起的混杂。

③障碍物隔离。利用山丘、树林、果园、村庄等进行隔离。

④高秆作物隔离。在使用上述隔离方法有困难时，可用高秆高粱或其他高秆作物进行隔离。隔离用高秆作物一般要提前播种，以保证制种草在传粉前有足够的高度，起到隔离作用。

⑤套袋隔离。这是最可靠的隔离方法，一般在提纯自交系和异花授粉草生产原种或是草植株数少时使用。

（4）种子繁殖田必须坚持去杂去劣

去杂就是去掉非本品种的植株和穗、粒。去劣是去掉感染病虫害、生长不良植株的穗、粒。这项工作在各级种子田中要年年进行，而且要在植株的不同生育期分期进行，一般在苗期、孕穗期和灌浆期分 3～4 次进行。特别要在品种性状表现明显的时候进行。去杂人员必须熟悉所繁品种在不同生育阶段的特征特性，才能准确地做好这项工作。对种子田应经常检查并认真做好田间去杂、去劣工作，消除病株和杂草。种子田在收获时期若遇到有混杂特别严重难以去除的地段，应先行收获，坚决舍弃，而不作种用。对于自花授粉的牧草，如扁穗雀麦、毛花雀稗、加拿大野黑麦、草莓三叶草、波斯三叶草、毛苕子、箭筈豌豆、胡枝子、天蓝苜蓿、印度草木樨等，其种子田也应注意去杂去劣。

- **工具准备**

防止草种子退化需要的仪器设备、样品袋（盒）等。

- **材料准备**

防止退化的袋装种子、散装种子、检验单据等。

- **人员准备**

任务分工

任务角色	任务内容
组长：	组织讨论，确定工作内容，分配工作任务，完成防止退化任务
组员 1：	参与讨论，咨询专业人员、查询相关资料确定防止草种子退化方法
组员 2：	参与讨论，根据讨论结果完成草种子退化防止工作
组员 3：	参与讨论，根据讨论结果完成草种子退化防止工作
组员 4：	参与讨论，记录草种子退化防止工作过程

任务实施

步骤一： 制定防止草种子退化规划。根据防止草种子退化措施，制定严格的防止草种子退化规划。

步骤二： 防止草种子生物学混杂退化。根据防止草种子退化规划，采取合理的隔离方式，防止生物学混杂退化。

步骤三： 防止品种混杂退化。根据防止草种子退化规划，严格去杂去劣，防止品种混杂退化。

步骤四： 防止草种子代谢退化。冷藏草种子，降低草种子代谢活动，防止退化。

任务检测

请扫码答题。

任务评价

工作活动完成过程评价

班级：＿＿＿＿＿＿　　组别：＿＿＿＿＿＿　　姓名：＿＿＿＿＿＿

项目	评分标准	自我评价	小组评价	教师评价
防止草种子退化体系（20分）	了解草种子繁育规划（10分）			
	熟悉防止草种子退化体系（10分）			
草种子退化防止方法（40分）	合理布局（10分）			
	防止混杂（10分）			
	隔离防杂（10分）			
	去杂去劣（10分）			
活动完成过程（30分）	能够根据工作任务资料分析并制订工作计划（5分）			
	认真思考，积极动手、动脑（5分）			
	积极参与小组合作与交流，配合默契，互帮互助（5分）			
	通过小组讨论与再学习完成工作任务（5分）			
	具有认真严谨的科学态度（10分）			
活动效果（10分）	整体的效果（很好为10分；较好为7～9分；一般为3～6分；较差为0～2分）			
合计				
自我评价与总结				

（续表）

教师点评	

项目三 草种子生产流程

项目导读

草种子生产过程是指在适宜的条件下，进行土壤耕作和种床准备，合理播种牧草，并在牧草生长发育的过程中进行科学的田间管理和病虫害防治，生产出优质草种子的过程。因此，在草种子生产过程中要科学规划，精耕细作，准确计算播种量，在草植株生长发育过程中定期进行检测和水肥补给，科学进行田间管理和病虫害防治，确保生产出高质量草种子。

学习目标

• 知识目标

1. 熟悉土壤耕作的基本方式方法。
2. 了解牧草播种的方式；掌握牧草播种期、播种深度及播种量的确定方法。
3. 能够熟练掌握促进种子萌发的方法；熟悉牧草种子的萌发过程。
4. 了解肥料的种类及特性；熟悉施肥的原则及方法；熟悉种子田灌溉的方法；了解灌溉应注意的事项。
5. 了解病虫害的类型与发生。

• 技能目标

1. 能够根据需要采用不同耕作方法完成土壤耕作。
2. 能够熟练牧草播种深度，根据不同条件运用不同播种方式进行牧草播种。
3. 掌握牧草种子萌发的环境条件。
4. 能根据牧草的生长状态，准确判断牧草的营养状况。
5. 掌握病虫害的防治方法。掌握病虫害调查方法，提高学生对资料分析的综合能力。

• 发展目标

培养成为合格的草种子生产员。

• 思政目标

培养学生尊重科学，养成认真严谨的科学态度。

任务一 播种地耕作

任务导入

校内种植试验基地要进行多年生新品种牧草种植，需要在种植基地进行耕作。播种地耕作要根据不同种植品种要求，科学合理地通过农机具的物理机械作用，调节土壤耕作层和表层状况，使土壤水分、空气和养分的关系得到改善，为播种出苗和生产发育提供适宜的土壤环境。在农机具使用中应树立起安全意识，高度重视、规范操作。

任务准备

• 知识准备

土壤准备和耕作是调节土壤肥力的有效手段，是牧草种子制种技术环节中一项重要的技术措施。采取适宜的土壤耕作措施和方法，对土壤环境进行调节和管理，协调土壤中水、肥、气、热的关系，统一牧草和土壤环境之间的矛盾，有利于牧草正常生长发育，提高牧草种子的产量。

所谓土壤耕作，是指在生产的过程中，通过农机具的物理机械作用，调节土壤耕作层和表层状况，使土壤水分、空气和养分的关系得到改善，为作物播种出苗和生产发育提供适宜的土壤环境的技术措施。

1. 土壤耕作的作用

（1）改善土壤的耕层结构

经过一个生产周期，由于受重力、降水、灌溉以及践踏、机械碾压等作用，耕层土壤逐渐变得紧实，不利于牧草生长。需要用壁犁、深松铲等将耕层切割翻转、破碎，使之疏松，提高土壤通透性、持水性和保肥供肥性能，创造适合牧草种子萌发和根系生长的耕层结构。

用有壁犁或旋耕犁耕地，可将撒施在土壤表面作底肥的有机粪肥、磷肥等均匀地分布到耕层中，使土肥融为一体，促进有机质的分解，改善土壤的养分状况。混拌土壤又使肥土和瘦土混合，使耕层形成均匀一致的营养环境。

（2）掺和残茬，防除杂草和病虫害

经过一个生产周期，地面上遗留有枯枝落叶和残茬、病虫的残体、杂草的植株和种子，深耕可将其翻埋到耕层中，可增加土壤有机质，同时杀灭杂草种子、病菌孢子、害虫的卵、蛹、幼虫等。

（3）平整地面，蓄水保墒，提高播种质量

通过耙地、耱地、镇压等措施，使耕层表面平整、软硬适中，土壤与外界环境的接触面减少，以利保墒。地面平整便于播种机作业，播种深浅一致，下种量均匀，有利于苗齐苗壮。

2. 土壤耕作方法

根据耕作对土壤作用的性质和范围，可将耕作分为两类，即基本耕作和表土耕作。

（1）基本耕作

基本耕作通常称耕地，是指影响土壤全耕作层的措施，其方式有深耕翻、深松耕、旋耕 3 种。

①深耕翻。深耕翻又叫犁地或翻地，用有壁犁进行，具有翻土、松土、碎土作用。深耕翻牵涉整个耕作层的翻转，只有在前茬牧草收获后及后牧草播种前，田间没有牧草生长的这段时期才能进行。具体耕作的时间因各地气候、土壤和耕作管理等条件而异。

深耕的方法有多种，需要根据土壤状况进行选择。

A. 全耕层翻转深耕法。适用于底层有机质多、结构好的土壤，翻耕后底层已分解的有机质养分可翻到上层来，供作物利用。

B. 上翻下松耕法。适用于底层肥力低、熟化程度差的土壤，如灰化土、盐碱土。

C. 分层深翻耕法。在机耕和人翻的条件下，北方旱地先行深耕，随后浅耕，有利于蓄水和翻晒土壤。

耕翻深度因地因时因牧草种类而异，雨季耕翻可深些，旱时宜浅；黑土层厚、黏重土壤、盐碱土可深些；沙土地宜浅耕；种植牧草宜浅些，否则徒劳而且有害。耕翻土壤，后效持续期长，一般认为可维持 2～4 年。

②深松耕。深松耕是用深松铲、深松犁等机具进行深层松土，深松耕可全面深松或局部深松。全面深松后，耕层呈较均匀的疏松状，可改造耕层较浅的黏质硬土，所需动力较大。局部松土地面呈疏松带与未松的坚实带相间的状态。其疏松带有利于降雨的迅速下渗，土壤的通气好、利于好气微生物的活动，可促使土壤肥料有效化；坚实带的存在可阻止渗入耕层的水分沿犁底层继续下渗，故可保蓄水分，防旱防涝。

③旋耕 。旋耕是用旋耕机进行的耕地、整地相结合的作业方式。旋耕机犁刀在旋转过程中，将上层 10～15 cm 的土壤切碎、混合，并向后抛掷，作用是松土、碎土和平土，相当于犁、耙、平 3 项作业一次完成。 旋耕的碎土能力很强，并使土壤高度松软，地面比较平整。旋耕对防除杂草、破除板结有较好作用。

（2）表土耕作

①浅耕灭茬。即前茬牧草收获后，在翻耕之前，用圆盘灭茬器或圆盘耙等机具在茬地上进行的作业。在耙的重力作用下，耙片切入土壤，切断草根和残茬，并使切碎的土块沿耙片凹面微略上升，然后翻落，具有一定的翻土和覆盖作用。浅耕灭茬的深度一般以 5～10 cm 为宜。

②耙地。翻耕后的田面土块常较大而不平整，还留有根茎型杂草，须用圆盘耙破碎土块，平整地面，耙除杂草，蓄水保墒。耙地还有其他多种应用，如多年生牧草地在早春或刈割后耙地，可消灭杂草，改善土壤水肥气热状况，有利于牧草返青

和生长；灌溉或降雨之后耙地可破除板结，通气保墒；播种后出苗前，用钉齿耙耙地，可破除板结，利于幼苗出土。

③耱地。耱地又称耢地，一般在翻耕、耙地之后进行，兼有平地、碎土及轻度镇压的作用。耱地的工具用柳条、荆条或树枝等编成。生产上，有时将其系于畜力耙后，耙耱结合一次完成作业。影响深度在土层 5 cm 以内，可为播种创造良好的土壤条件。北方旱区，耱地有时也在犁地前、雨后进行，主要起蓄水保墒作用。有时在土壤冻前耱地，趁地皮松软时重耱 1～2 遍；有时在适墒浅播后轻耱地，以利保墒。出苗前遇雨耢地，可破除板结，耢碎土块，促使顺利出苗。

④镇压。利用镇压器、石磙等工具压碎土块、压实地表的整地作业，称为镇压。镇压影响土壤的深度，轻则 3～4 cm，重则 7～10 cm。翻耕耙耱后镇压，可使上层土壤变得紧实，改善土壤孔隙状况，减少土壤水分蒸发，为适时播种、顺利出苗创造良好的条件。某些牧草或谷物的小粒种子，播种后随时镇压，可使种子与土壤紧密接触，便于种子发芽后及时吸收水分和养分，利于出苗和保苗。

⑤中耕。一般指作物生长期间进行松土、除草、培土及间苗等的作业，目的是疏松表层土壤、蓄水保墒、消灭杂草，以利牧草茂盛生长，丰产丰收。中耕工具有手锄、板锄、畜力中耕机、机引中耕机等。

⑥开沟、作畦和起垄。开沟是灌溉地区保证灌溉、多雨低湿地区及时排水的必要措施。开沟可用开沟器或铧式开沟犁进行，要求沟直、沟与沟之间距离适宜。作畦是在平整后的土地上作田埂，将田块分隔成长方形的畦田，便于灌溉和管理。起垄是将土壤整成垄形，作物生长在一条条的高垄上。起垄可增厚耕作层，利于排灌，增加土壤通气性及提高土温。北方旱地起垄后覆盖薄膜有利于提高地温、保持土壤水分和消灭杂草。

知识链接 3-1-1

GB/T 36393—2018《土壤质量 自然、近自然及耕作土壤调查程序指南》

知识链接 3-1-2

播种方式

- **工具准备**

旋耕机、铁锨、耙子、镇压器、手套等。

- **材料准备**

若干品种草种子。

- **人员准备**

任务分工

任务角色	任务内容
组长：	组织讨论，确定耕作内容，分配工作任务，完成耕作任务
组员 1：	参与讨论，根据种植的不同草品种确定耕作方法，参与耕作任务
组员 2：	参与讨论，根据耕作方法确定使用的农机具，参与耕作任务
组员 3：	参与讨论，参与观摩各项具体耕作作业
组员 4：	参与讨论，参与耕作任务

任务实施

步骤一：农机具检修。检修播种地耕作所需旋耕机、铁锨、耙子、镇压器等农机具。

步骤二：确定耕作方式。根据播种地的气候、地势、灌水条件、牧草种类、土壤性质、当地降水等情况确定耕作方式

步骤三：完成播种地耕作。按耕作方式的程序要求完成耕作任务。

任务检测

请扫码答题。

任务评价

工作活动完成过程评价

班级：__________ 组别：__________ 姓名：__________

项目	评分标准	自我评价	小组评价	教师评价
播前准备（30 分）	合理选择农机具（10 分）			
	耕地合理（10 分）			
	耙地合理（10 分）			
播种（30 分）	播种量计算合理（10 分）			
	播种（10 分）			
	镇压合理（10 分）			
活动完成过程（30 分）	能够根据工作任务资料分析并制订工作计划（5 分）			
	认真思考，积极动手、动脑（5 分）			
	积极参与小组合作与交流，配合默契，互帮互助（5 分）			
	通过小组讨论与再学习完成工作任务（5 分）			
	具有认真严谨的科学态度（10 分）			
活动效果（10 分）	整体的效果（很好为 10 分；较好为 7～9 分；一般为 3～6 分；较差为 0～2 分）			
合计				
自我评价与总结				
教师点评				

任务二 草种子播种

任务导入

草种子生产A公司引进一批新品种良种，要进行繁育生产，选择生态条件适宜区域建立了新品种草种子繁育基地，准备好了种子田苗床，进行繁育播种。草种子的播种要选择适宜的播种期，通过合理的播种方式，准确计算、称量播种量，因此要科学严谨地做好播种期的选择，严谨认真计算、称量出播种量，确保草种子生产优质高产。

任务准备

- **知识准备**

1. 播种方式

合理的播种方式能做到充分利用土壤和空间，发挥单株和群体的效益而获得高产。播种方式包括撒播、条播、穴播及育苗栽培等（图3-2-1）。

（1）撒播

指用撒播机或人工将种子撒到地里，用耙覆土。草地补播可采用人工撒种的方式，大面积撒播可采用飞机播种。这种方式的优点是省工、省力、速度快。缺点是播种不匀，出苗不整齐，植株之间距离无规律，不易管理。

（2）条播

用条播机或开沟器将种子按一定行距撒成条带状。条播的优点是幼苗集中在行内生长利于与杂草竞争，且易于田间管理，如中耕除草、施肥、浇水、灭虫等。牧草制种条播行距一般为45～60 cm。

（3）穴播

也称为点播。就是间隔一定距离开穴播种，一般用于种子较大的草地。天然草人工补种也可采用，可深挖浅盖，形成小环境，以利草种子出苗，而且不破坏原有植被，防止翻土后引起的次生盐碱化和水土流失。

（4）育苗移栽

是采用温床或露地播种育苗，一定时间后将小苗移植到大田中的一种栽培方法。此法可调节作物茬口，延长生育期，便于苗期管理，并可节约种子用量。

2. 播种期

每一种草都有它适宜的播种期。适宜的播种期可保证种子少受或不受不良环境的影响，而且对下茬作物的适宜播种期和收获期有利。因此播种期对草种子生产是一个关键时期。播种期适宜可以增产，否则造成减产，甚至无收。

早春主要播种一些种子发芽要求温度较低、苗期较耐寒的种类或品种，如苦荬

撒播　条播

穴播　育苗栽培

图 3-2-1　草种子播种方式

菜、紫花苜蓿等。此期播种，土壤刚解冻，土壤水分条件较好，而且随着温度的提高种子就可萌发出土。

晚春和夏季多播种一些幼苗不耐寒的夏秋饲料作物和牧草，如玉米、高粱、大豆、苏丹草等。这类种子萌发需要温度较高，一般需要 5 cm 土层温度稳定在 12℃以上。播种过早将造成烂种或幼苗受到晚霜的危害。夏播对多年生草通常是不利的，因多年生草苗期生长缓慢，易受杂草为害。但在春秋干旱、风大的地区，夏播可保证播种时的土壤水分。

3. 播种深度

播种深度包括开沟深度和覆土厚度两层含义。开沟深度根据当时土壤墒情而有所不同，原则上在干土层之下即可；覆土厚度则根据草种子大小类及其萌发能力和顶土能力不同而异。对于草种子而言，覆土厚度更具实际意义。

（1）草种子的播种深度与种子大小的关系

①一般来说，草种子细小，以浅播为宜，宁浅勿深，覆土厚度为 1～3 cm。

②豆科草是双子叶植物，顶土能力较弱，适宜浅播；禾本科草是单子叶植物，顶土能力较强，覆土可稍厚。

③小粒种子如苜蓿、沙打旺、草木樨、草地早熟禾等，适宜覆土厚度为 1～2 cm；中粒种子如红豆草、毛苕子、无芒雀麦、老芒麦等，覆土厚度不应超过 4 cm。

（2）草种子的播种深度与土壤含水量的关系

土壤干燥时播种可稍深，潮湿时则可浅一些。

（3）草种子的播种深度与土壤质地的关系

播种深度与土壤质地也有关系，在轻质土壤上播种可深些，在黏重土壤上播种要浅些（表 3-2-1）。

4. 播种量

播种量的多少可决定单位面积内草的植株个体数量。播种量随草种、利用目的、种子大小、土壤肥力、水分状况、播种期的早晚以及播种时气候条件而有变化（表 3-2-1）。但就同一条件、同一草品种、同一利用目的而言，其播种量主要由种子用价高低决定。种子用价高，播种量少，种子用价低，播种量多。公式如下：

$$播种量（kg/hm^2）=种子用价为100\%时播种量/种子用价$$

例如，种子用价 100% 时苜蓿每公顷播种量为 11.25 kg。经种子品质鉴定，现有种子纯净度 90%、发芽率 98%，则播种量应为：

$$苜蓿播种量（kg/hm^2）=种子用价100\%时播种量/（纯净度\times发芽率）$$
$$=11.25/（90\%\times98\%）$$
$$=12.7（kg/hm^2）$$

表 3-2-1　种子田部分草的播种量

（单位：kg/hm²）

草种	窄行条播	宽行条播	草种	窄行条播	宽行条播
紫花苜蓿	7.5	6.0	鸭茅	12.0	9.0
白花草木樨	7.5	6.0	老芒麦	18.75	10.5
黄花草木樨	7.5	6.0	披碱草	18.75	10.5
白三叶	4.5	3.0	多年生黑芒麦	12.0	9.0
绛三叶	4.5	3.0	一年生黑麦草	12.0	9.0
百脉根	5.0	3.0	冰草	15.0	9.0
猫尾草	6.0	3.5	无芒雀麦	15.0	10.5
草地羊茅	12.0	9.0	高燕麦草	7.5	6.0
紫羊茅	12.0	9.0	草地早熟禾	9.0	7.5

5. 田间播种的方法和步骤

掌握田间播种的方法和步骤，熟悉田间播种、施肥、整地、区划等作业，在草种子制种中是非常重要的，是草种子制种的第一步。

（1）施基肥

基肥的施用方法有撒施、条施和分层施。所谓撒施是在土壤翻耕之前，把肥料均匀撒于田面，然后翻耕入土中。条施肥料施得集中，靠近种子及植株根系。分层施是结合深耕把粗质肥料和迟效肥料施入深层，精制肥料和速效肥料施到土壤上层。

（2）整地

对试验地的平整，要求犁、耙等措施一致，达到耕深度一致，土地平整，且全部措施的实施过程要短，最好能在 1～2 d 内完成。

（3）区划

整地完毕后要进行区划。区划时应根据田间种植规划图的各项标示，丈量试验地的总长度、宽度，然后区划出各个试验处理的位置及各排、小区、走道、保护行等的界线，此后用划行器进行划行或人工踩行。有灌溉条件的试验地，应先打好畦，然后再划行。试验区形状依据勾股定理确定，方法是先用标杆将试验地较长的一边取直并且固定下来，然后再丈量纵横各线，通常是把皮尺的 0 m、3 m、7 m、12 m 4 处分别定在直角三角形的 3 个顶点上，保证纵横各线呈垂直关系，如图所示。试验地区划后，在每一小区前插上木（竹）牌，标明区号及处理名称。

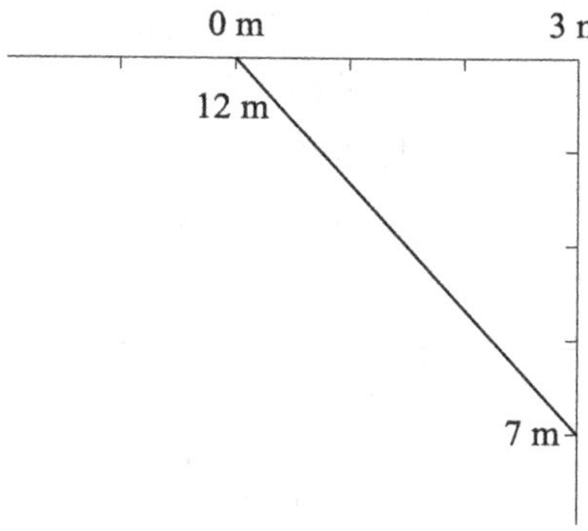

图 3-2-2 应用勾股定理测边长垂线

6. 播种

试验地区划完毕后，可按照计划日期进行播种。播种前必须做好种子准备工作。种子准备时应注意下面几个问题。

（1）供试种子应为经检验符合标准的种子，应该是质量高、来源统一的种子。

（2）确定播种量时，可根据计划要求算出每行或每个小区粒数、重量，分别装在种子袋中，袋上注明行（区）号及材料名称。

（3）播种的方法可采用条播、穴播、撒播等。不论何种方法，播种力求均匀一致，还要严防错播、漏播。出苗后应立即检查，发现有漏播，应立即催芽补播，并在计划书上注明补播的区（行）号及面积等。

知识链接 3-2-1

DB15/T 3343—2024《饲用燕麦种子生产规程》

知识链接 3-2-2

DB15/T 3336—2024《饲用燕麦旱作栽培技术规程》

知识链接 3-2-3

牧草标本

- **工具准备**

播种机、铁锹、米尺。

- **材料准备**

拟播草种子、标志牌等。

- **人员准备**

任务分工

活动角色	活动任务
组长：	组织讨论，确定工作内容，分配工作任务，完成播种任务
组员 1：	参与讨论，根据草种子及种子田实际条件准确计算出播种量，完成播种任务
组员 2：	参与讨论，根据草种子大小、土壤墒情等确定播种深度及覆土厚度
组员 3：	参与讨论，根据草种子大小、种植目的、播种地情况等，确定播种方式和播种期，完成播种任务
组员 4：	参与讨论，划分小区，规划种植图完成播种任务

任务实施

步骤一：确定播种方式。根据牧草种子大小、种植地类型等确定播种方式，如撒播、条播、穴播及育苗栽培等。

步骤二：确定播种期。根据牧草的种类或品种确定合适的播种期。

步骤三：掌握牧草适度的播种深度。根据种子大小、土壤含水量、土壤质地确定适度的播种深度。

步骤四：确定牧草播种量。利用公式正确计算，确定出牧草播种量。

步骤五：完成田间区划与播种。

任务检测

请扫码答题。

任务评价

工作活动完成过程评价

班级：__________ 组别：__________ 姓名：__________

项目	评分标准	自我评价	小组评价	教师评价
草种子播种量确定（20分）	草种子播种量计算（10分）			
	草种子播种称量（10分）			
草种子播种（40分）	播种方式确定（10分）			
	播种深度或覆土厚度确定（10分）			
	完成草种子播种（20分）			
活动完成过程（30分）	能够根据工作任务资料分析并制订工作计划（5分）			
	认真思考，积极动手、动脑（5分）			
	积极参与小组合作与交流，配合默契，互帮互助（5分）			
	通过小组讨论与再学习完成工作任务（5分）			
	具有认真严谨的科学态度（10分）			
活动效果（10分）	整体的效果（很好为10分；较好为7～9分；一般为3～6分；较差为0～2分）			
合计				
自我评价与总结				
教师点评				

任务三　草种子萌发

任务导入

对草种子生产A公司引进的新品种良种完成播种后，要进行草种子萌发的观测。观察解除休眠后的种子在适宜的条件下，种胚重新恢复正常的生命活动，生理代谢从相对静止的状态转化到旺盛的生长发育阶段，胚根、胚芽突破种皮向外生长，发育成为新个体的过程。认真观测草种子萌发情况，可预测草植株生长发育状况，出现不良状况可及时补救。因此，一定要有严谨认真、一丝不苟的科学态度。

任务准备

• 知识准备

1. 草种子萌发过程

草种子萌发涉及一系列的生理生化和形态上的变化，并受到周围环境条件的影响。根据一般规律，种子萌发过程可以分为4个阶段。

（1）吸胀阶段

吸胀是种子萌发的起始阶段。一般成熟种子在贮藏阶段的水分为8%～14%范围内，当种子与水分直接接触或在湿度较高的空气中，则很快吸水而膨胀（少数种子例外），直到细胞内部的水分达到一定的饱和程度，细胞壁呈紧张状态，外部的保护组织趋向软化，所有细胞体积增大，对种皮产生很大的膨压，可能致使种皮破裂。

吸胀作用是亲水性物质吸水体积膨大的物理作用，而并非活细胞特有的一种生理现象。所以不论是活种子或是死种子均能吸胀。在一些情况下，活种子也会因种皮不能透水而不能吸水膨胀。

（2）萌动阶段

萌动是种子萌发的第二阶段。种子从吸胀到萌动所需的时间，因牧草种类不同而异，草种子开始萌动时，草种子内部的代谢开始加强，转入一个新的生理状态，种胚细胞恢复生长。当种胚细胞体积扩大生长到一定程度，胚根尖端就突破种皮外伸，这一现象称为种子萌动，种子萌动俗称为露白，表明胚部组织从种皮裂缝中开始显现出来的状况，而在生理上把种子萌动这一形态变化阶段的到来看成是种子萌发的完成。

种子一开始萌动，其生理状态与休眠期间相比，起了显著的变化。胚部细胞的代谢机能趋向旺盛，而对外界环境条件的反应非常敏感。如遇到环境条件的急剧变化或各种理化因素的刺激，就可能引起生长发育失常或活力下降，严重的会导致死亡。在适当的范围内，给予或改变某些条件，会对整个萌发过程及幼苗的生长发育产生一定的影响。

（3）发芽阶段

第三阶段是发芽，种子萌动以后，种胚细胞生长速度显著加快，开始或加速分裂和分化，当胚根、胚芽伸出种皮并发育到一定程度，即发育长成具备正常构造的幼苗，就称为发芽。

草种子处于这一时期，种胚的新陈代谢作用极为旺盛，呼吸强度达最高限度会产生大量的能量和代谢产物。如果氧气供应不足，易引起缺氧呼吸，放出酒精等有害物质，使种胚窒息麻痹以致中毒死亡。草种子如催芽不当，或播后受到不良条件的影响，常会发生这种情况。例如，豆科草的大粒种子，在播种后由于土质黏重、密度过大或覆土过厚、雨后表土板结，种子萌动会因氧供应不足，呼吸受阻，生长停滞，幼苗无力顶出土面，而发生烂种和缺苗断垄等现象。

种子发芽过程中优良的草种子出苗快、生长整齐，而瘦弱的种子营养物质少，发芽时可利用的能量不足，即使播种深度适宜，亦常常无力顶出地面而死亡；有时虽能出土但因生活力很弱，经不起恶劣条件的侵袭，同样容易引起死苗。

（4）成苗阶段

第四阶段是成苗，种子发芽后根据其子叶出土的状况可分为两种类型。

①子叶出土型。在种子发芽时，下胚轴显著伸长，初期弯成拱形，顶出土面后使下胚轴逐渐伸直，生长的胚与种皮脱离，子叶迅速展开，见光后逐渐转绿，开始进行光合作用，以后从两子叶间胚芽长出真叶和主茎，称为子叶出土型。子叶出土型幼苗的优点是幼苗出土时顶芽包被在子叶中受到保护，子叶出土后能进行光合作用，继续为生长提供能量，像豆科草的子叶能进行数日的光合作用，而其他某些草和作物等的子叶能保持数周的光合功能，因此在作物移植或间苗操作过程中，应注意保护子叶的完整，避免机械损伤。

②子叶留土型。草种子在发芽时，上胚轴伸长而出土，随即长出真叶而成幼苗，子叶仍留在土中与种皮不脱离，直至内部贮藏养料消耗殆尽，才萎缩或解体，称子叶留土型。子叶留土型的种子发芽时，穿土力较强，即使在黏重的土壤中，一般也较少发现不出土现象。因此，播种时可较出土型的略深，尤其在干旱地区，更有必要。另外，由于留土型幼苗的营养贮藏组织和部分侧芽仍保留在土中。因此，一旦土壤上面的幼苗部分受到昆虫、低温等的损害，仍有可能重新从土中长出幼苗。

2. 草种子萌发的环境条件

影响牧草种子萌发的因素可以概括为两个方面，一是种子本身内在的生理条件；二是种子发芽的外部生态环境。只有具有生活力的种子，在一定适宜的生态环境下才能正常地发芽和成苗。种子萌发适宜的外部环境条件包括足够的水分供应、适宜的温度和充足的氧气供应。此外，光照、化学物质、土壤因素、生物因素等也对萌发有一定的影响。

（1）水分

①种子发芽的最低需水量。水分是种子萌发的先决条件。种子只有在吸收一定量水分后才能萌发。不同种类草种子发芽时对水分要求不同，可以用最低需水量表示。发芽最低需水量是指种子萌动时所含最低限度的水分占种子原重的百分率（亦可用含水量表示）。

②影响种子水分吸收的因素。种子水分的吸收速率和吸收量，主要受到种子化学成分、种皮透性、外界水分状况和温度的影响。种皮的透水性在不同草种子中有很大差异，豆科草种子水分主要通过种皮的发芽口进入内部，而硬实种子由于种皮不能透水而无法萌发。种子吸水与外界水分状态也有很大关系。有些种子在相对湿度饱和或接近饱和的空气中就能吸足水分发芽。一般种子发芽吸收的是液态水，在土壤中的种子可吸收周围直径约 1 cm 的土壤水分。当种子周围的土壤吸水力和渗透压上升时，种子的吸水量降低。温度在种子吸水的一定阶段会明显影响种子的吸水速率，一般环境温度每提高 10 ℃，水分吸收速率提高 50%～80%。

③种子的吸胀损伤和吸胀冷害。当种子刚接触水分时，由于干种子细胞膜系统不完整，细胞内部的一些分子如可溶性糖、有机酸、氨基酸、低分子蛋白肽链及无机离子会发生渗漏现象。随着吸胀种子细胞膜的修复，内部物质的外渗逐渐减少。如果种子吸胀速率快，细胞膜就无法修复而且出现更多的损伤，物质外渗加剧，种子发芽成苗能力下降。这种类型的损伤称为吸胀损伤。种子的安全萌发对吸胀的温度也有一定的要求。有些作物干燥种子短时间在零度以上低温吸水，种胚就会受到伤害，再转移到正常条件下也无法正常发芽成苗，这种现象称为吸胀冷害。

（2）温度

①种子发芽温度的三基点。种子发芽要求一定的温度，各种植物种子对发芽温度要求都可用最低、最适和最高温度“三基点”来表示。最低温度和最高温度分别是指种子至少有 50% 能正常发芽的最低、最高温度界限；最适温度是指种子能迅速萌发并达到最高发芽百分率所处的温度。草种子发芽的温度要求与草植株的生育习性以及长期所处生态环境有关。大多数草种子在 15～30 ℃范围内均可良好发芽，但不同草种子对温度的具体要求有所差异。

②变温促进种子发芽的效果。许多草种子在昼夜温度交替变化的生态条件下发芽最好。变温对促进休眠种子发芽特别有效，因此对未完全成熟的新种子或休眠种子采用变温发芽效果特别显著。另外，变温还能提高一些无休眠种子发芽的速率和整齐度。

（3）氧气

草种子萌发时，有氧呼吸特别旺盛，需要充足的氧气供给。一些酶的活动也需要氧，萌发时氧气对种胚的供应受到外界氧气浓度、水中氧的溶解度、种皮对氧的透过性以及种子内部酶对氧的亲和力的影响。

（4）其他因素

①光。大多数草种子发芽时对光反应不敏感，在光照和黑暗条件下都能正常发芽。而少数牧草种子萌发时对光照敏感，需要在照光或黑暗条件下发芽。

②二氧化碳（CO_2）。通常大气中含有 0.03% 的 CO_2，对发芽无显著影响。当发芽环境 CO_2 增至相当高的浓度，会严重抑制发芽。如燕麦种子当 CO_2 浓度增至 17% 时，仍能正常发芽；CO_2 浓度增至 30% 时种子的萌发受阻，CO_2 浓度达 37% 时种子完全不发芽。不过高 CO_2 浓度对发芽的危害程度要比缺氧轻。由此可见，CO_2 对发芽的抑制作用与温度及氧的浓度有关，当环境温度不很适宜或含氧较低时其阻碍效应特别明显。

3. 促进种子发芽的方法

提高种子的田间发芽成苗能力和整齐度，特别是在逆境下的发芽和成苗能力，对草种子生产有积极的意义。在种子播前经过一些方法处理，达到提高种子发芽成苗力的目的。提高种子的发芽成苗能力的技术方法，除传统的浸种、高温催芽等方法外，也有如下一些新的种子播前处理方式。

（1）渗透调节处理

播种前将种子放入渗透势较高的溶液中，其吸水的速率大为减缓，有利于种子内部充分进行早期的活化和修复等生理准备活动。由于渗透势较高，处于溶液中的种子暂不会突破种皮萌动，这样的人工处理可使一批种子能在充裕的时间和较好的条件下进行萌发前早期的生理生化准备，避免田间可能出现的吸胀冷害、吸胀损伤等现象。渗透调节后的种子再播种，其发芽速率、整齐度均显著提高，在低温逆境条件下的发芽成苗得到明显改善。

（2）吸湿回干处理

吸湿回干的处理有利于种子活化，经湿干交替处理的种子内部生理过程受到促进，包括大分子的活化、线粒体活性的提高等得到改善。因此，可以加速种子发芽，而且对长成的植株的生长发育和产量均有促进作用。

湿干交替处理的具体方法是：草种子在 10～25 ℃ 的条件下吸收水分数小时，然后用气流干燥至原来的重量，这一过程可重复进行。根据草种子种类不同，湿干交替过程可进行 1～3 个周期，处理中种子吸胀的时间要严格控制，在 25 ℃ 以下吸胀时间不适宜超过 6～8 h，否则，此时已开始启动的 DNA 合成，将因为干燥而受到不利影响。湿干交替处理后的种子发芽率提高，抗寒、耐旱性增强，从而促进了草植株的生长发育。通过干湿交替处理后的种子，再发芽吸胀时表现出较强的吸水能力。

湿干交替处理，既有利于种子内部生理的活化和修复，又避免了直接浸种可能带来的吸胀损伤或浸种过长带来的缺氧呼吸的伤害，因此有着普遍积极的意义。近几年，根据湿干交替处理的相似性原理，又创建了一些新的改良方法，如发芽前使种子在高湿度空气中缓慢吸水而提高其水分促进活化的“湿化处理”或干种子只在水中浸 1～5 min，捞起保湿数小时再干燥的“浸润—晾干”处理，均有简便易行、效果显著的特点，在生产上有一定的应用价值。

（3）化学物质处理

经实验有许多不同种类的化学物质能够改善种子发芽生理，特别是促进种子在不良田间条件下发芽和成苗。这些物质包括植物生长调节剂、营养物质以及双氧水等对种子生理状态有一定影响的化学物质。

目前常用的植物生长调节剂包括赤霉素、生长素、细胞分裂素等，这种处理对大多数植物种子的发芽均有促进效果。有机溶剂渗入法也可用于种子的杀菌剂、抗生素等处理。

在实践中，大量营养元素和微量元素处理的合理应用也能促进种子的发芽成苗。在处理时，从生产需要出发还可以考虑到植株生育期的营养需要和土壤营养状况，以提高作物的产量潜力。如禾本科草种子锌元素处理、铜元素处理，以及豆类种子的钼元素处理，不但能促进种子发芽，而且明显可提高后期作物的产量。这类处理技术，对生长在缺乏某些营养土壤中的草植物，尤其能显示出优越性。

知识链接 3-3-1

草种子播种前的处理方法

- **工具准备**

种子萌发需要的发芽盒、发芽箱、水等。

- **材料准备**

所萌发的草种子。

- **人员准备**

任务分工

活动角色	活动任务
组长：	组织讨论，确定工作内容，分配工作任务，完成草种子萌发任务
组员 1：	参与讨论，确定草种子萌发的生态条件，完成草种子萌发任务
组员 2：	参与讨论，确定促进牧草种子萌发的方法，完成草种子萌发任务
组员 3：	参与讨论，根据不同草种子休眠程度，采用适宜方法打破休眠，促进草种子萌发，完成草种子萌发任务
组员 4：	参与讨论，根据草种子自身特性条件，设定培养箱温度、湿度、通风、光照等参数，完成草种子萌发任务

任务实施

步骤一：促进草种子萌发。为保证发芽效果，对处于休眠期的种子采用适宜促进种子发芽的方法，促进草种子萌发。

步骤二：将草种子置于发芽盒中，一般小粒种子每 100 粒为一个重复，中大粒种子 50 粒或 25 粒为一个重复，做 4 个重复，贴好标签纸。

步骤三：检查发芽箱状况，根据萌发草种子特性设定水分、温度等参数进行培养，观察萌发状况，了解子叶生长类型。

任务检测

请扫码答题。

任务评价

工作活动完成过程评价

班级：____________ 组别：____________ 姓名：____________

项目	评分标准	自我评价	小组评价	教师评价
萌发培养准备（30 分）	确定草种子萌发的环境条件（10 分）			
	草种子萌发仪器设备准备（10 分）			
	采用适宜方法打破草种子休眠（10 分）			
草种子萌发（30 分）	检查培养箱状况（10 分）			
	设定参数进行培养（20 分）			
活动完成过程（30 分）	能够根据工作任务资料分析并制订工作计划（5 分）			
	认真思考，积极动手、动脑（5 分）			
	积极参与小组合作与交流，配合默契，互帮互助（5 分）			
	通过小组讨论与再学习完成工作任务（5 分）			
	具有认真严谨的科学态度（10 分）			
活动效果（10 分）	整体的效果（很好为 10 分；较好为 7～9 分；一般为 3～6 分；较差为 0～2 分）			
合计				

（续表）

自我评价与总结	
教师点评	

任务四 草种子田间肥、水管理

任务导入

对草种子生产A公司引进的已经萌发，进入生长发育期的新品种进行田间观测及管理。田间管理是从播种到收获的整个栽培过程中进行的各种管理措施的总称，由于种子田的优劣直接影响到种子的质量，所以种子田应实行科学的田间管理，尤其是肥、水管理，一定要定期认真观测，及时处理，科学合理施肥浇水，确保不因施化学肥料过多造成环境污染。

任务准备

- **知识准备**

1. 肥料与施肥

（1）肥料的种类及特性

肥料是指能够提供一种或一种以上草植物必需的营养元素，改善土壤性质，以提高土壤肥力和草种子产量，改善草种子品质的一类物质。肥料可分为化学肥料和有机肥料两大类。

①化学肥料。包括氮、磷、钾的单一肥和复合肥等。

A. 氮肥。氮肥又分为3类，即铵态氮、硝态氮和酰胺态氮肥。农业上常用的氮肥是铵态氮肥和酰胺态氮肥，硝态氮肥利用较少。常用几种化学氮肥如下。

a. 硫酸铵 $[(NH_4)_2SO_4]$。硫酸铵简称硫铵，为铵态氮肥的标准肥料。硫酸铵是一种白色或浅黄色的颗粒肥料，含氮 20%～21%，易溶于水，施入土壤被解离的铵离子不仅可被草植株吸收，而且可被土壤胶体吸附，不易流失，因而硫酸铵不仅可作追肥，又可作基肥。另外，由于硫酸铵与种子接触后危害性小，故也可作种肥。硫酸铵作基肥和种肥的施用量一般分别为 375～600 kg/hm² 和 37.5～75 kg/hm²，作追肥的施用量每次为 150～225 kg/hm²。

b. 碳酸氢铵（NH_4HCO_3）。碳酸氢铵简称为碳铵，是一种使用较普遍的肥料。碳酸氢铵为白色或灰白色结晶状颗粒，含氮 15%～17%，性质不稳定，易分解挥发，有氨臭味。通常情况下作为基肥和追肥，作基肥时施肥量为 450～600 kg/ hm²，作追肥时每次施肥量为 225 kg/ hm²。追肥要深施于植株旁 8～10 cm，然后盖土。碳酸氢铵不能作苗床追肥，以防烧伤幼苗。

c. 氨水（NH_4OH）。氨水是氨溶于水而形成的液态氮肥，呈碱性反应，含氮 16%～17%。由于氨溶于水极不稳定，因而这种肥料易挥发损失。此肥多作基肥施用，也可作追肥。施用时应注意加水稀释，并随施随埋以防氮素损失。还应注意不能与植物接触，以防灼伤植物。

d. 尿素 $[CO(NH_2)_2]$。尿素是酰胺态氮肥，为白色粒状结晶，含氮量高达 44%～46%，通常以 46% 计。尿素施入土壤后，可直接被植物吸收，但吸收量较少，只有经脲酶作用转变为氨离子，才能被大量吸收。

e. 硝酸铵（NH_4NO_3）。简称硝铵，白色结晶，含硝态氮及铵态氮各半，氮素含量为 33%～34%，肥效较高，吸湿性强，易结块。硝铵可作为种肥和追肥，不宜作基肥；宜旱田不宜水田，原因是其（NO_3^-）不易被胶体吸附；作基肥时易于流失，难以发挥肥效；在水田施用，硝态氮在反硝化细菌作用下还原为氮气而损失。硝酸铵作种肥时，用量 37.5 kg/hm²；作追肥时每次以 150～300 kg/hm² 为宜。

B. 磷肥。磷肥包括过磷酸钙、钙镁磷肥、磷矿粉等。目前生产上常用的为过磷酸钙，其他磷肥施用较少。

过磷酸钙主要成分是 $[Ca(H_2PO_4)_2+CaSO_4]$，为一种灰褐色粉末状酸性肥料。在贮藏过程中，过磷酸钙易吸潮结块，腐蚀性较强，易变质降低磷肥的有效性。另外，磷在碱性土壤中，易被钙离子固定，在酸性土壤中易被铁、铝离子固定，不易被植物吸收利用。但被固定的磷酸盐以后可被微生物陆续释放出来，因此肥效较长，是迟效性肥料。过磷酸钙可作为基肥、种肥、追肥施用。基肥、种肥的施用量分别为 450～600 kg/hm² 和 45～60 kg/hm²。

磷肥最好作为基肥和种肥施用，这样可源源不断地满足植物整个生育期对磷肥的需求。另外磷肥同有机肥料混施可增加磷的有效性。

因磷在土壤中移动较小，深施到根系层，可增加根系对磷的吸收。集中施肥可减少磷与土壤的接触面，减少土壤对磷的化学固定。

豆科植物吸收磷的能力较禾本科植物强，而且需要量多。因此将磷肥施入种植豆科植物的土壤中，促进豆科植物的生长，能加强根瘤菌的固氮能力，增加土壤中氮素含量。另外，磷还可促进氮的吸收利用。

C. 钾肥。合成钾肥主要是 K_2SO_4 和 KCl，一般含钾量在 50% 以上。钾肥的施用一般多限于产量较高的地块和严重缺钾的土壤。目前广大农村应用较多的钾肥是草木灰。草木灰中钾主要是以 K_2CO_3 和 K_2SO_4 的形式存在，其中 98% 以上为水溶性钾，有效率高。但钾易流失，应特别注意防潮、防雨淋。草木灰可作为基肥、种肥和追肥，但施用时应注意草木灰不宜施用于盐碱土，不能与人粪尿和厩肥混施，以防氮素变成 NH_3 挥发损失。草木灰也不能与过磷酸钙混施，以免降低磷的有效性。

D. 复合肥料。由两种或两种以上肥料要素组成的化学肥料称为复合肥料。在复合肥料中又可分为二元复合肥料、三元复合肥料和多元复合肥料。二元复合肥料主要分为氮磷、磷钾或氮钾复合，常见的如磷酸二铵。三元复合肥料是由氮、磷、钾或钙、镁、磷复合的化学肥料。多元复合肥料除氮、磷、钾以外，还包括某些微量元素。

复合肥料的优点是含肥料要素多，一次可同时施用两种以上元素。缺点是灵活性差，对某些植物和某些地块效果好，而对另一些植物和另一些地块效果欠佳。因而施用复合肥料，应在施肥前，根据作物的营养需要和土壤营养状况临时搭配，否则会造成养分不平衡，影响施用效果。

②有机肥料。有机肥料包括厩肥、堆肥、人粪尿、绿肥等。其特点是养分含量全面，除含氮、磷、钾外，还含有植物生长发育所需要的其他矿物元素。有机肥料的养分以有机态的形式存在，只有被微生物分解后，才能被作物吸收利用，因而当季的利用率较低，通常为 20%～30%。施用有机肥料还有改良土壤的作用。

A. 厩肥。厩肥是农村广泛应用的一种有机肥料，包括家畜的粪尿和垫草。由于家畜的种类不同，其肥料特性也各异。

a. 牛粪。含水多、细密，含纤维分解菌少、分解慢，属凉性肥料。

b. 马粪。含水少、粗糙、疏松多孔，含大量纤维分解菌，易发酵产热，属热性肥料。

c. 猪粪。质地细，含水较多，但氨化微生物含量多，易分解，肥效大而快。另外纤维分解菌含量少，对未消化彻底而残留于粪中的饲料分解慢，因而分解速度介于牛粪和马粪之间，属温性肥料。

另外还有鸡、鸭、鹅、兔粪都是上好的厩肥。

厩肥主要用作基肥，腐熟后也可作种肥和追肥。厩肥腐熟后施用可增加速效养分含量，提高当季利用率，另外厩肥腐熟可减少病虫杂草传播，施用方便，有利于种子发芽出苗。尤其是鸡粪腐熟后可减少烧苗、烧根现象。

B. 人粪尿。人粪尿和厩肥具有共同的特性，含氮量 0.5%～1.0%，是一种很好的肥料。

C. 堆肥。堆肥是利用杂草、作物秸秆等为原料堆放经微生物发酵腐烂而制成的一种农家肥料，其作用和养分含量同厩肥基本相同。

D. 绿肥。植物刈割后直接翻压到土壤中用作肥料，称为绿肥。用作绿肥的植物称为绿肥植物。豆科植物具有根瘤菌，可固定空气中的氮素，因而绿肥植物多为一年生豆科植物。

（2）施肥的原则及方法

①施肥的原则。施肥的目的是满足草植株生长发育的需要，增加产量，提高效益。但要做到高产低成本，就必须合理施肥。因此，在施肥时必须遵循以下原则。

A. 根据牧草的种类和生育时期施肥。不同种类的草对肥料的要求不同。如禾本科草需氮较多，而豆科草需磷较多。同一种类草其品种不同对肥料的需求也不尽相同。如耐肥品种，要求较好的水肥条件；而不耐肥品种，水肥过多会造成减产。同一种草在不同的生长时期需肥量也不同。籽用玉米在苗期对氮肥需要量较小，拔节孕穗期对氮肥的需要量增多，到抽穗开花后对氮肥的需要量又减少。掌握不同草种和不同生育时期对肥料的需求，对决定施肥时期和施肥量，以及获得高产、优质的牧草种子是十分重要的。

B. 根据收获的对象决定施肥。一般青贮饲料生产田，需要施用较多的速效氮素化肥，以便获得较高的茎叶生产量；以种子生产为主时，则应多施磷、钾肥，配合施用一定量速效氮肥；以收获块根茎为主时，应注意磷、钾肥的施用，过多施用氮肥会造成茎叶徒长，从而降低经济产量。

C. 根据土壤状况合理施肥。要充分发挥肥效，还应根据土壤性质选择肥料的种类和施用方法。如黏质土壤施肥，应重视基肥和种肥的施用；砂质土壤保肥性差，应少量多次追肥。在决定施肥量时应充分考虑土壤肥力的高低。对于比较肥沃的土壤，多施肥会引起牧草倒伏，要减少施肥量；瘠薄的土壤应注意适当多施肥料，以满足草种子高产的要求。

D. 根据土壤水分状况等施肥。水分太多易造成施入养分的渗漏，而且好气性微生物活性差，有机肥养分释放慢；水分太少，则养分无法被植物吸收。旱季施肥时，要结合灌水或降水进行。此外，土壤的酸碱状况对施肥的效果也有影响，如酸性土壤施用磷肥可选用磷矿粉，而碱性土壤则不宜施用含氯离子和钠离子的肥料。

E. 根据肥料的种类和特性施肥。肥料的种类不同，性质各异。厩肥、堆肥、绿肥等有机肥料和磷肥多为迟效性肥料，通常作为基肥施用。硫酸铵、碳酸氢铵等速效氮肥多作追肥施用。硝态氮难于被土壤胶体吸附而易于流失，并在反硝化细菌作用下变成氮气而挥发，因而通常不作基肥施用，作追肥也应少施、勤施。另外在施肥时应考虑肥料中所含的其他离子对牧草生长的影响，如含氯离子的肥料，不宜施于含淀粉、糖较多的作物（如甘薯、萝卜等）。

F. 施肥与农业技术配合。农业技术措施与肥效有密切关系。如有机肥料作基肥施用，常结合深翻使肥料能均匀混合在全耕层之中，达到土壤和肥料相融，有利于草吸收。追肥后浇水，有利于养分向根系表面迁移和吸收。各种肥料搭配混合施用，既可提高肥效，又可节省劳力，从而降低农产品成本。

②施肥方法。牧草的整个生育期可分为若干阶段，不同生长发育阶段对土壤和养分条件有不同的要求。同时，各生长发育阶段所处的气候条件不同，土壤水分、

热量和养分条件也随之发生变化。因此，施肥一般不是一次就能满足牧草整个生育期的需要，需要在基肥的基础上进行多次追肥。

A. 基肥。基肥是播种或定植前结合土壤耕作施用的肥料，其目的是创造草植株生长发育所要求的良好土壤条件，满足草对整个生长期的养分要求。因此，基肥的作用是双重的，一是培养地力、改良土壤；二是供给草养分。作基肥的肥料主要是有机肥料如厩肥、堆肥、绿肥或磷肥、复合肥。

基肥的施用方法有撒施、条施和分层施。所谓撒施是在土壤翻耕之前，把肥料均匀撒于田面，然后翻耕入土中。撒施为基肥的主要施用方法，优点是省工，缺点是肥效发挥得不够充分。条施是在田面上开沟，然后把肥料施入沟中。条施肥料施得集中，靠近种子及植株根系，因此用量少、肥效高，但较费工。分层施是结合深耕把粗质肥料和迟效肥料施入深层，精制肥料和速效肥料施到土壤上层，这样既可满足草对速效肥的需求，又能起到改良土壤的作用。

B. 种肥。种肥是播种（或定植）时施于种子附近或与种子混播的肥料。施用种肥，一方面可为种子发芽和幼苗生长创造良好的条件，另一方面用腐熟的有机肥料作种肥还有改善种子床或苗床物理性状的作用。种肥的种类主要有：腐熟的有机肥料、速效的无机肥料或混合肥料、颗粒肥料及菌肥等。种肥是同种子一起施入的肥料，因而要求所选用的肥料对种子无副作用，凡过酸过碱或未腐熟的有机肥料均不能作种肥。种肥的施用方法很多，可根据肥料种类和具体要求采用拌种、浸种、条施、穴施等。

C. 追肥。追肥是在生长期间施用的肥料，其目的是满足牧草生育期间对养分的要求。追肥的主要种类为速效氮肥和腐熟的有机肥料。磷、钾、复合肥也可用作追肥。近几年的经验证明，采用尿素等化肥，以及硼、钼、锰等微量元素肥料和某些生长激素在现蕾（抽穗）开花期对草进行根外追肥，可明显提高种子产量。为了充分发挥追肥的增产效果，除了确定适宜的追肥期，还要采用合理的施用方法。追肥的施用方法通常包括撒施、条施、穴施和灌溉施肥等。但前三者在土壤墒情不好时也多结合灌溉进行。根外施肥在多数情况下是将肥料溶解在一定比例的水中，然后喷洒于叶面，通过叶组织吸收满足草对营养的需要。

（3）草营养状况的判定

①缺氮。缺氮草的主要外部特征如下。

A. 幼苗矮化、瘦弱，植株浅绿，基部叶片（老叶）变黄，干燥时呈褐色。

B. 叶小、直立，叶色灰绿，叶柄、叶脉和皮层变红。

C. 茎短而细，分枝（分蘖）少，出现早衰现象。

D. 细根多，大根少，新根发黄，抗病虫害和抗旱能力减弱。

②缺磷。在草生长初期，磷肥的作用表现得不很明显，但在草生长的中期和后期，缺磷将影响氮的有效积累和蛋白质的合成。

缺磷的主要症状为植株深绿，叶脉常呈红色或紫色，干燥时呈暗绿色，茎短而细，基部叶片变黄，开花期推迟，种子小，不饱满。

③缺钾。缺钾草的主要外部特征是茎易倒伏，下部叶片尖端变黄，沿叶片边缘

逐渐枯黄，叶脉两边和叶中脉仍为绿色，脉间出现坏死斑点，严重时大部分叶片枯黄，叶片边缘呈火烧状，整个叶片有时呈杯卷状或皱缩，褐根多。

④缺镁。缺镁草的主要外部特征是叶片变黄，有时杂色（和缺氮症状的区别），绿色而叶脉间变黄，有时呈紫色，出现坏死斑点。

⑤缺铁。缺铁草的主要外部特征是脉间失绿，呈清晰的网纹状，严重时整个叶片（尤其幼叶）呈淡黄色，甚至发白。

⑥缺硼。缺硼首先表现在草顶端，如草顶端出现停止生长现象，其他主要外部特征是幼叶畸形、皱缩，叶脉间不规则退绿。

⑦缺锌。缺锌草的主要外部特征是叶小簇生，叶面两侧出现斑点，植株矮小，节间缩短，生育期推迟。

⑧缺铜。缺铜草的主要外部特征是新生叶失绿，叶尖发白卷曲呈纸捻状，叶片出现坏死斑点，进而枯萎死亡。禾谷类作物表现为植株丛生、顶端变白，严重时不抽穗、不结实。

⑨缺锰。缺锰草的主要外部特征是脉间出现小坏死斑点，叶脉出现深绿色条纹呈肋骨状。

2. 灌溉

灌溉是补充土壤水分，满足牧草正常生长发育所需水分的一种农事措施。正确的灌溉不仅能满足草植株各生育期对水分的需求，而且可改善土壤的理化性质，调节土壤温度，促进微生物的活动，最终达到促进草植株快速生长发育、获得高产的目的。

（1）灌溉方法

灌溉方法多种多样，大致分为 3 种类型，即地表灌溉、喷灌（空中）和地下灌溉。

地表灌溉中最简单的方法就是人工浇灌。人工浇灌用水方便，但费劳力且损耗水多。一般草地浇灌多采用沟灌或畦灌等，这也是我国农业灌溉的基本方法。沟灌和畦灌也是地表灌溉的方法，沟灌多用于起垄种植的植物，而畦灌则多用于平畦条播的植物。

空中灌溉（喷灌或人工降雨）是灌溉水通过机械设备，变成水滴状喷射到空中，降落在植物或土壤上的灌溉方法。此法可以用少量水实行定额灌溉，可调节大田小气候，不论土壤是否平坦都能均匀灌溉，节省劳力和用水。

地下灌溉也称为渗灌，是在地下 40～100 cm 处设有孔的水管，水从管中渗出，并借助毛管的作用上升或向四周扩散，以满足草植株生长发育对水的需要。此法不会造成土壤表层板结，是节水灌溉最好的方法，主要用于干旱缺水地区。但要注意，盐碱地要慎用这种方法，以防止土壤盐分随水上升，增加表土的盐分含量。

（2）灌溉应注意的事项

灌溉必须有利于草植株生长，保证高产、低成本，根据土壤墒情、天气条件、草植株生育时期正确实施。禾本科植物通常在拔节至抽穗是需水的关键时期，豆科植物则从现蕾到开花是需水的关键时期。灌溉用水量以不超过田间持水量为原则。

此外，旱田土壤含水量为田间持水量的50%～80%时，有利于草植株的生长发育。草植株不同生育期对水分的需要量不同。水分过多时，必须及时排除。排水良好的地块，有利于根系下扎，同时对改善土壤的通气条件、提高土温、促进土壤微生物活动及有机质分解、防止土壤沼泽化和盐渍化等方面都起着重要作用。要使地块排水良好，除畦沟要开深、开得平直外，在多雨地区，还应注意经常疏通沟渠排水。

知识链接 3-4-1

NY/T 2624—2014《水肥一体化技术规范　总则》

知识链接 3-4-2

DB54/T 0104—2017《苜蓿生产技术规程》

- **工具准备**

施肥机具、浇水设备、记录本、铅笔等。

- **材料准备**

所需要的水、肥等。

- **人员准备**

任务分工

活动角色	活动任务
组长：	组织讨论，确定工作内容，分配任务，完成工作任务
组员 1：	参与讨论，掌握草植株营养状况的判定方法，完成工作任务
组员 2：	参与讨论，了解通过草植株的生长发育形态特征，确定营养丰缺状况，完成工作任务
组员 3：	参与讨论，根据营养状况及时补充追施所缺肥料，完成工作任务
组员 4：	参与讨论，记录观测数据及田间管理数据，完成工作任务

任务实施

步骤一：根据形态特征、长势情况判定草植株的营养状况，诊断出具体的缺素问题。

步骤二：根据诊断出草植株生长发育所缺元素，配制水、肥营养液。

步骤三：采取合适的方法（叶面施肥、土壤施肥），合理补充所缺营养元素。

任务检测

请扫码答题。

任务评价

工作活动完成过程评价

班级：__________ 组别：__________ 姓名：__________

项目	评分标准	自我评价	小组评价	教师评价
种子田水、肥管理准备（30分）	水、肥管理所需机具准备（15分）			
	熟悉草植株生长发育营养状况判定方法（15分）			
草营养状况判定（30分）	根据草植株形态特征判定其生长发育营养状况（15分）			
	合理补充所缺营养元素（15分）			
活动完成过程（30分）	能够根据工作任务资料分析并制订工作计划（5分）			
	认真思考，积极动手、动脑（5分）			
	积极参与小组合作与交流，配合默契，互帮互助（5分）			
	通过小组讨论与再学习完成工作任务（5分）			
	具有认真严谨的科学态度（10分）			
活动效果（10分）	整体的效果（很好为10分；较好为7～9分；一般为3～6分；较差为0～2分）			
合计				
自我评价与总结				
教师点评				

任务五　草种子田间病虫害防治

任务导入

对草种子生产A公司引进的新品种要进行定期病虫害观测和防治，处于生长发育期的草植株，如果遭受生物的侵染和非生物不良因素连续不断的影响，其在生理上、组织上和形态上发生一系列反常变化，并会造成草种子产量降低、品质变劣。因此，在观测中一定要严谨认真，一丝不苟，及时防治。在病虫害防治中优先选择不污染环境的生物防治方法或使用生物农药，牢固树立生态保护意识。

任务准备

• 知识准备

1. 病虫害的类型与发生

（1）病虫害的类型

①病害。草在生长发育及种子贮运过程中，常遭受生物的侵染和非生物不良因素连续不断的影响，从而在生理上、组织上和形态上发生一系列反常变化，造成草种子产量降低，品质变劣。引起草病害的病原种类虽然很多，但从本质上看，可分为非侵染性病害和侵染性病害两大类。

A. 非侵染性病害。这种病害由不良环境引起，不具侵染性，在病原部位找不到任何病原生物，亦称为生理性病害。

a. 营养性病变。植物生长发育过程中因某一种或几种元素缺乏、不足或过多引起的一系列病变，如失绿、变色、畸形、组织坏死以及倒伏等均为营养性病变。

b. 水分失调。植物因干旱引起叶片变黄，叶尖、叶缘焦枯，早期落叶、落花、落果、籽粒不实，甚至全部萎蔫；或因土壤水分过多造成土壤缺氧，引起根系窒息、腐烂，叶片发黄、全株凋萎；或因水分供应急剧变化，如早期干旱后突然多水，引起块根、直根开裂等均为水分供应失调引起的病变。

c. 温度伤害。植物生长发育过程中温度过高或过低都将伤害植物。温度过低会造成霜害、冻害，温度过高加上干旱会造成植物枯萎和灼伤。

d. 中毒。空气和土壤中的有害物质，可引起植物伤害。工业排放的废气、废水，肥料或农药施用不当都会伤害植物，轻者造成叶片变黄、枯焦，重者造成植株死亡。

B. 侵染性病害。这种病害由病原微生物所引起，在受伤害的部位可以找到病原微生物。病原在寄主植物上生长繁殖，并借某些方式向健康部位和株体传播，因此具有一定的传染性。在侵染性病害的病原中，最主要的是真菌，其次是细菌、病毒、线虫、寄生性种子植物等。常见的侵染性病害有如下几种。

a. 真菌病害。主要症状是霉粉、黑粉、斑点、枯萎、腐烂等。如玉米的大小叶斑病及黑穗病，三叶草霜霉病，苜蓿褐斑病、锈病等。

b. 细菌病害。主要症状是萎蔫、导管变色、软腐等。如苜蓿的凋枯病，紫云英菌核病，大白菜腐烂病，花生青枯病等。

c. 病毒病害。主要症状是花叶、矮小、黄化、畸形等。如三叶草花叶病，花生丝枝病，马铃薯花叶病等。

d. 线虫病。主要症状是干腐、瘤状，多侵染根和地下果实。如花生线虫病，甘薯线虫病等。

e. 寄生性种子植物。高等植物绝大多数为自养植物，但也有少数植物由于缺少足够叶绿素或某些器官退化而成为寄生病原物。如菟丝子主要为害豆科植物。

②虫害。危害草的动物种类很多，如节肢动物门昆虫纲的昆虫，蛛形纲蜱螨目中的螨类，软体动物中腹足纲的蜗牛，哺乳纲啮齿类的田鼠、野兔等。但昆虫纲是世界上种类最多、分布最广、适应性最强、群体数量最大的一个类群，占整个动物界的 2/3，其中许多是以植物为食，成为草害虫。虫害轻则造成减产，重则无收。

昆虫形态多种多样，按其口器不同可分为两种类型，即咀嚼式口器和吸收式口器。前者主要是咬食植物的根、茎、叶、花、果实，后者则吸食植物的汁液。某些害虫幼虫为咀嚼式口器，而成虫则为吸收式口器，因此，此种分类法常把同一种类害虫分为两种类型。了解了此种分类法，可为化学药物的选择提供依据。如灭除咀嚼式口器的害虫可选用胃毒剂，而要灭除刺吸式口器的害虫则应选用内吸剂。

昆虫的另一种分类法是按其一生的变化情况进行分类。按其变化类型可分为两种类型，即不完全变态和完全变态。不完全变态的害虫在个体发育过程中分为 3 个时期，即卵、若虫（幼虫）、成虫。这类害虫外部形态和生活习性与成虫相似，其差别是个体较小和生殖器官未发育完全，如蝗虫、叶蝉等。完全变态的害虫一生要经过 4 个时期，即卵、幼虫、蛹、成虫。各时期在外部形态、内部器官构造、生活习性上截然不同。此类害虫通常幼虫对作物为害较重，成虫一般不为害作物，但甲虫类的成虫也为害作物。

（2）病虫害与环境

病虫害的发生、发展与环境条件以及天敌的多少有着密切关系。环境条件主要包括温度、湿度、土壤、光照等多种因素。各种病虫害的发生、发展要求不同的环境条件，有的喜温暖潮湿的环境，有的则喜干燥的环境。但总体上看，温暖潮湿的环境有利于病害的发生，而干燥的环境则有利于害虫的出现。

土壤的结构、酸碱度、通透性以及温度、湿度状况，也影响着病虫害的发生与发展。如通气性好的沙壤土有利于地下害虫的发生，高温高湿的土壤则利于病害发生。

在自然界中，害虫的多少还与其天敌的数量有关。如七星瓢虫多则蚜虫就少，鸟类和蛙类多则可控制咬食茎叶、花、果实的地上害虫发展。因而，农业生产过程中，应主动创造不利于病虫害发生和发展，有利于作物生长的环境条件，以减轻或制止病虫害的发生和流行。

（3）病虫害的传播媒介

病虫害的传播媒介是指害虫或病毒的生存场所、中间寄主等。了解其传播媒介，对防治病虫害有十分重要的意义。

①被害的植物体。受害的植物体，不仅是害虫或病毒的寄生体，也是害虫或病毒的越冬场所和发源地。如受玉米螟为害的玉米，受散黑穗病为害的黑麦等。

②种子。很多害虫在寄主作物收获后，潜伏在寄主植物的种子中，随其休眠而休眠，如豌豆象等。

③土壤。许多害虫或病毒潜伏在土壤中，如蛴螬、金针虫等都是以卵或老龄幼虫的形式在土壤中越冬，大麦的花叶病通过土壤传染。

④肥料。被为害的植物体如制成堆肥，未经腐熟，许多害虫就会在有机肥料中产卵，并随施肥而进入土壤使其传播。

⑤转主寄主（中间寄主）。许多害虫或病毒不仅为害牧草也为害其他植物。如蚜虫，当农田中无作物时，它就飞到野生杂草中越冬，到第二年又飞回到作物植株上。菟丝子不仅为害栽培豆科植物，也为害野生的豆科植物。

2. 田间病虫害调查方法

（1）虫害调查

主要调查虫口密度和有虫株率（表 3-5-1）。计算方法如下：

单位面积虫口密度 = 调查总活虫数 / 调查面积

每株虫口密度=调查总活虫数/调查总株数

有虫株率=（有虫株数/调查总株数）×100%

表 3-5-1　田间虫害调查表

时间：______			地点：______			草种及面积：______	
样地号	调查株数	被害株数	有虫株率	害虫名称	每株虫口密度	单位面积虫口密度	备注
1							
2							
3							
4							
5							

（2）病害调查

主要调查、统计发病率和病情指数（表 3-5-2）。

发病率=（感病株数/调查总株数）×100%

因发病率只表明病害发生的普遍性，不能表明病害的严重程度，因此对有些病害（如叶斑类病害等）还必须调查病情指数。

病情指数=∑（病情级数×该等级株数）/（调查总株数×最高级数）

表 3-5-2 草病害调查统计表

调查时间：________ 地点：________ 草种：________ 土质：________											
病害名称	样地号	调查株数	病株数	病株率	每级病情病株数					病情指数	备注
					0	1	2	3	4		

病情指数分级标准：

0 级：无病斑；

1 级：少数病叶，少数病斑；

2 级：少数病叶，多数病斑或多数病叶少数病斑；

3 级：多数病叶，多数病斑；

4 级：多数病叶干枯。

3. 病虫害的防治方法

草病虫害防治，必须贯彻“预防为主、综合防治”的植保方法。综合防治就是从生产的全局和生态系统的总体观点出发，根据病虫与草、与耕作制度以及与有益生物和环境条件之间的辩证关系，因地制宜地应用各种防治手段，取长补短，互相协调，经济有效地把病虫危害控制在一定水平之下，以达到增产增收的目的。常用的防治方法有植物检疫、农艺技术防治、物理机械防治、生物防治和化学防治等。这些方法必须因地制宜，综合应用，才能达到预期的效果。

（1）植物检疫

植物检疫由专门机构根据国家颁布的法令，对国外输入和国内输出以及在国内地区间调运的种子、种苗及农产品进行检验，禁止或限制危害性害虫、病菌的传入或传出，一旦发现，立即封锁并将其消灭以防扩散。

（2）农艺技术防治

农艺技术防治就是在栽培管理的过程中，运用一系列的技术措施，有目的地改变某些环境因子，创造有利于作物生长发育而不利于病虫害发生的环境条件，直接或间接地消灭或抑制病虫害的发生和危害。其主要措施有：选育抗病虫的优良品种、提高作物自身的抗病虫能力；采用合理的耕作措施，创造不利于病虫害发生的环境，如合理轮作、合理密植、中耕除草以及合理耕翻、浇水及灭茬等，都可减少病虫害的发生。

（3）物理机械防治

根据病虫害的发生和发展规律，应用各种物理和机械设备达到防治病虫害的目的。如选种、晒种和温水浸种可去掉混杂和藏在种子内的病虫虫卵和孢子，达到预防病虫害的目的。利用害虫的趋光性和趋化性以及某些特殊的习性，设计诱杀防治。此法不仅可杀死害虫，而且可预测虫情。

（4）生物防治

利用有益生物或生物代谢产物来防治病虫害。如天敌昆虫防治害虫、蜘蛛治虫、以鸟治虫以及其他脊椎动物防治害虫等。

①以菌治菌。利用抗生菌所产生的抗生素防治植物的病害。如井冈霉素可防治水稻纹枯病、小球菌核病、玉米大斑病等。春雷霉素可防治稻瘟病等。

②以菌治虫。利用害虫的病原微生物制成杀虫剂，用以防治植物的害虫。如利用细菌性的杀螟杆菌防治玉米螟、高粱穗螟、稻纵卷叶螟、甘薯卷叶蛾等。利用真菌性的白僵菌、黑僵菌、绿僵菌等防治鳞翅目、鞘翅目、同翅目及直翅目的害虫。目前用白僵菌防治玉米螟、大豆食心虫、稻叶蝉及松毛虫等取得了良好效果。还有利用昆虫病毒来防治害虫的，如正在研究应用的核型多角体病毒可防治黏虫、斜纹夜蛾、菜青虫等。

③以虫治虫。天敌昆虫包括捕食性昆虫和寄生性昆虫两种。捕食性昆虫如瓢虫、草蛉、食蚜蝇、蜻蜓、螳螂等；寄生性昆虫如赤眼蜂、金小蜂、啮小蜂、姬蜂等。用天敌昆虫防治害虫，要尽量创造害虫天敌在野外生活和繁殖的有利条件，这样才能提高当地害虫天敌对害虫的自然控制作用。也可以人工繁殖和散放害虫天敌，以增加害虫天敌的种类和数量，从而达到控制害虫数量的目的。目前应用较多的方法是利用赤眼蜂防治稻纵卷叶螟、利用金小蜂防治棉红铃虫、利用瓢虫防治蚜虫等。

④其他食虫动物。常见的有鸟类、蛙类、壁虎、蝙蝠等。其中最多的是鸟类，其次为蛙类。

（5）化学防治

化学防治就是利用有毒的化学物质直接消灭病虫害，保证草种子的全面丰收。化学防治的作用是速效和方便，且受地区及季节性限制小。但化学防治也有不少缺点，如使用不当会造成人畜受害；杀死害虫的同时也将杀死害虫天敌；长期使用一种农药病虫会产生抗药性；有的农药残毒大，造成环境污染等。目前随着化学工业的发展，一些高效、低毒、低残毒的农药不断研制出来，农药使用技术也正在不断改进。因此，化学防治将作为农业病虫害综合防治中的一种重要措施得到不断地发展和进步。

农药的使用方法很多，主要包括喷雾、喷粉、泼浇、毒土、毒饵、熏蒸、种子处理等。农药的种类可根据其防治对象的不同分为杀虫剂、杀菌剂等。

①杀虫剂。用来防治农林草及储粮害虫的农药。按照它们的作用方式可分为以下几类。

A. 胃毒剂。这类药剂喷洒在植物体上，害虫采食后，通过害虫消化系统进入其体内，使其中毒死亡，如等。

B. 触杀剂。通过接触表皮渗入体内、使害虫中毒死亡的药剂，如辛硫磷、杀虫畏等。

C. 熏蒸剂。以气体状态通过呼吸道进入害虫体内，进而使害虫死亡的药剂。如磷化铝、氯化苦等。

D. 内吸剂。通过植物的吸收进入植株体内，害虫吸取植物汁液时，中毒死亡。如杀螟丹等。

E. 综合杀虫剂。同时具有胃毒、触杀、熏蒸等杀虫作用的化学药剂。如敌百虫、西维因等。

②杀菌剂。杀菌剂是用来防治草病害的药剂。从作用方式来看，主要分为保护剂和治疗剂两类。保护剂是用来保护未受病菌侵害植株的药剂。在病菌还没有接触到或侵入草植株之前，将保护剂施用在草植株上以保护草植株不受病菌侵害，如波尔多液。治疗剂则用来治疗已受病菌侵害植物的药液剂。施用治疗剂后能杀死病菌，对病株有治疗作用。但已侵害的部位，一般不能再恢复原状，治疗剂如多菌灵、托布津等。

③农药的合理使用。农药的合理使用，要求达到节约、提高使用效果、减少对环境的污染、避免残毒、保证人畜安全等目的。

A. 选择适当的农药品种和剂型。农药的种类很多，各种农药都有一定的防治范围和防治对象，即使是广谱性农药也不是对所有的病虫害都有效。如预防蚜虫一类刺吸口器的害虫，内吸剂最理想，触杀剂次之，胃毒剂则无效。一般情况下，油剂、乳剂效果好，粉剂则较差。但粉剂使用方便、工效高，而且在干旱缺水地区防治某些害虫如玉米螟效果则较其他剂型好。

B. 适时用药。做好病虫的预测预报工作，准确地掌握好病虫的发生时期、生活习性和它们的薄弱环节及草植株最易受害的时期，抓住时机及时用药，充分发挥药效。另外，适时用药还应注意气候变化，如大风时不进行喷粉；喷药后遇雨应在天晴后补喷；高温天气可增加药效，但作物易受药害。

C. 合理掌握用药量和用药次数。掌握用药量主要指准确控制药液浓度、每公顷用药量和用药次数。用药量并不是越多越好，原因是用药过量易产生抗药性，增加生产成本，还会造成环境污染，引起作物受害。

D. 采用正确施药方法。不同的施药方法有不同的优缺点。根据各种病虫害的生活习性选用正确的施药方法，可减少农药的残留，降低成本，并可充分发挥药效，做到安全用药、合理用药，达到增产增收的目的。

知识链接 3-5-1	知识链接 3-5-2	知识链接 3-5-3	知识链接 3-5-4
DB15/T 3341—2024《饲用燕麦主要病虫害综合防控技术规程》	DB15/T 3342—2024《饲用燕麦田间杂草综合防治技术规程》	DB15/T 3156—2023《燕麦田杂草绿色防控技术规程》	田间管理

- **工具准备**

田间病虫害调查用具、记录本、纸袋、铅笔等。

- **材料准备**

田间病虫害调查表等。

- **人员准备**

任务分工

活动角色	活动任务
组长：	组织讨论，确定工作内容，分配工作任务，完成田间病虫害调查、防治任务
组员 1：	参与讨论，咨询专业人员、查询相关资料，制作种子田病虫害调查统计表，完成田间病虫害调查、防治任务
组员 2：	参与讨论，进行田间病虫害调查，完成田间病虫害调查、防治任务。
组员 3：	参与讨论，选择适宜的病虫害防治方法，完成田间病虫害调查、防治任务
组员 4：	参与讨论，根据病害调查数据完成调查统计表

任务实施

步骤一：准备田间病虫害调查统计表、记录本、纸袋、铅笔、喷雾器、水等。

步骤二：诊断出具体的病害或虫害类型，调查虫口密度和有虫株率。

步骤三：调查、统计病害发病率和病情指数。

步骤四：用针对性的农药，配制合适浓度的药液在合适的时间进行田间病虫害防治，喷药过程中做好安全防护，剩余药液及药品进行合理处置。

任务检测

请扫码答题。

任务评价

工作活动完成过程评价

班级：__________ 组别：__________ 姓名：__________

<table>
<tr><td>项目</td><td>评分标准</td><td>自我评价</td><td>小组评价</td><td>教师评价</td></tr>
<tr><td rowspan="3">田间病虫害调查、防治准备（30分）</td><td>准备田间病虫害调查用具（10分）</td><td></td><td></td><td></td></tr>
<tr><td>制作田间病虫害调查统计表（10分）</td><td></td><td></td><td></td></tr>
<tr><td>田间病虫害防治农药配制（10分）</td><td></td><td></td><td></td></tr>
<tr><td rowspan="3">田间病虫害调查与防治（30分）</td><td>调查、统计病害发病率和病情指数（10分）</td><td></td><td></td><td></td></tr>
<tr><td>根据病害调查数据完成调查统计表（10分）</td><td></td><td></td><td></td></tr>
<tr><td>田间病虫害防治（10分）</td><td></td><td></td><td></td></tr>
<tr><td rowspan="5">活动完成过程（30分）</td><td>能够根据工作任务资料分析并制订工作计划（5分）</td><td></td><td></td><td></td></tr>
<tr><td>认真思考，积极动手、动脑（5分）</td><td></td><td></td><td></td></tr>
<tr><td>积极参与小组合作与交流，配合默契，互帮互助（5分）</td><td></td><td></td><td></td></tr>
<tr><td>通过小组讨论与再学习完成工作任务（5分）</td><td></td><td></td><td></td></tr>
<tr><td>具有认真严谨的科学态度（10分）</td><td></td><td></td><td></td></tr>
<tr><td>活动效果（10分）</td><td>整体的效果（很好为10分；较好为7～9分；一般为3～6分；较差为0～2分）</td><td></td><td></td><td></td></tr>
<tr><td colspan="2">合计</td><td></td><td></td><td></td></tr>
<tr><td>自我评价与总结</td><td colspan="4"></td></tr>
<tr><td>教师点评</td><td colspan="4"></td></tr>
</table>

项目四 草种子加工流程

项目导读

种子收获后，为了保证种子质量，提高其商品性和便于贮藏、运输和播种等，必须对种子进行加工和处理。

草种子是草牧业生产中最重要的生产资料之一，是建立人工草地、改良天然和退化草地不可缺少的物质基础。种子的生产和生产效益作为种业的重要一环，是草种子工程能否顺利实施的关键。一般草种子的产量均较低，由于大多数草具有野生性强、开花时间长、种子发育不整齐、容易落粒等特性，进行草种子生产时要求的自然条件和生产技术要比进行干草生产时更高。

草种子加工是指种子从收获到播种前采取的各种技术处理，包括种子脱粒、清选、干燥、精选分级、种子处理、包装等加工工序。通过草种子加工可有效使种子净度提高2%～3%；发芽率提高5%～10%；出苗整齐、苗多苗壮，增产5%～10%；同时利于机械化播种和收获，提高劳动效率；增加草种子贮藏的稳定性；延长草种子的贮藏期。

学习目标

• 知识目标

1. 掌握草种子成熟期的基本知识。
2. 掌握清选、干燥、精选分级、种子处理、包装等加工工序基本知识。
3. 熟悉加工过程中各种仪器设备使用的基本原理。

• 技能目标

1. 能正确判断草种子收获期。
2. 熟练应用清选、干燥、精选分级、种子处理、包装等加工仪器设备进行草种子加工。

- **发展目标**

培育具备种子加工专业知识和实践能力，能够适应现代种业高速发展需要的应用型高级人才。

- **思政目标**

培养学生学习的自我信心，激发强化学生的求知欲望，强化爱国情怀和奉献精神，做社会主义核心价值观的引领者和践行者。

任务一　草种子收获

任务导入

学院校内种植基地种子田种植的牧草已经成熟，进入收获期。草种子的收获是一项时间性很强的工作，在草种子收获过程中，收获太早会降低草种子活力，收获太晚会造成落粒损失，一般在25%～50%，严重的可达70%，因此适时收获可减少草种子产量的损失。不同品种的草种子，其收获适宜期及脱落性不同，因此，判断收获期在草种子收获中非常关键。通过仔细观察，对比草种子成熟特征，准确判断草种子收获期，在此过程中应秉持严谨认真的学习态度，建立良好的科学精神。

任务准备

- **知识准备**

1. 草种子成熟

草种子成熟包括两方面的含义，即形态上的成熟和生理上的成熟，只具备其中一个条件时，就不能称为草种子真正成熟。如乳熟期的大部分草种子已经具备了发芽能力，但未达到最大干重，就还没有达到形态上的成熟。有许多草种子，如高羊茅、草地早熟禾等，虽然在形态上已达到充分成熟，但未达到生理上的成熟，给予适宜的发芽条件，仍不能正常发芽，必须再经过一定时间的贮藏，完成生理上的成熟即后熟期之后，才能发芽。

完全成熟的草种子应具备的基本特点如下。

（1）养料输送已经停止，种子所含干物质已不再增加，即种子的千粒重已达最大值。

（2）种子含水量减少到一定指标，如豆科草含水量达35%～36%，禾本科草种子含水量达40%～45%。

（3）种子的硬度增大，对不良环境的抵抗力增强。

（4）种皮坚固，呈现本草种或本品种固有的色泽或局部特有颜色，如二色胡枝子种皮呈黑紫色，或底色为褐色且具有密的黑紫色花斑。

（5）种子具有较高的发芽率（85% 以上）和最高活力，内部的生理成熟过程已完成。

2. 种子收获的时间

草种子生产中种子收获的最适宜时间常常难以绝对确定，所收获的种子产量可能低于表现种子产量。确定种子的收获时间，需要考虑两个问题，要既能获得品质优良的种子，也要保证种子收获量，注意尽可能地减少因收获不当造成的损失。由于多数草种开花期较长且不一致，造成种子成熟的时间也很不一致，很多草在种子成熟时很容易落粒，收获不及时或收获方法不当会造成很大损失，如多年生黑麦草、草地羊茅、一年生黑麦草、鸭茅等草种子成熟时因种子落粒可损失种子 100～290 kg/hm^2。因此，为了防止落粒，减少损失，必须及时收获。

根据草种子成熟度和落粒性决定草种子的收获时间，以便适时收获。确定草种子适时收获的方法有以下几种。

（1）种子水分含量。种子水分含量与成熟度有密切关系，对于大多数草种，当种子含水量达到 45% 时便可收获。多年生黑麦草和高羊茅种子收获的最适宜时期是种子含水量为 43% 时，种子含水量低于 43%，落粒损失将增加。一般种子成熟期含水量每天降低 15%，对种子含水量，应在开花结束 10 d 之后每隔 2 d 取一次样进行测定，或用红外水分测定仪于田间直接测定。

（2）胚乳浓度。种子成熟期可分为乳熟期、蜡熟期和完熟期。种胚的成熟完成于乳熟期，此时种子呈现绿色，含白色乳状物质，种子易弄破，乳熟期的种子干燥后轻而不饱满，发芽率及种子产量均低。蜡熟期的种子呈蜡质状，果实的上部呈紫色或灰色，但部分种子仍保持浅绿色的斑点，种子容易用指甲划破。完熟期的种子具有该品种固有的大小、硬度和颜色，其千粒重、发芽率和种子产量均高，是种子收获的适宜时期。不过，完熟期种子易于落粒而减产，故判断适宜收获期也不能完全依赖种子成熟度。

（3）种子品质。千粒重高低反映了种子大小和饱满度，同一种（或品种），千粒重大，籽粒就饱满，播种后出苗整齐。每一种（或品种）草种子具备本种（或品种）特征的千粒重。当种子重量达到基本稳定时，说明该草种子田已经成熟，应开始收割。例如，在种子含水量为 50%～55% 时，鸡脚草种子千粒重不超过 0.790～0.949 kg，猫尾草种子含水量为 40% 时，千粒重为 0.440～0.489 kg，千粒重达到本种（或品种）特征的，可着手收获。总之，在种子田开花结实后定期测定种子千粒重，其重量接近特征值千粒重并基本稳定时即可收获。

（4）生物化学的变化。最明显的是种子成熟时外种皮色素的变化，大多数荚果变成褐色是种子成熟的表现。根据荚果的颜色可确定收获时间，大面积种子田的收获方法有两种，一种是刈割后草条晾晒干燥，然后脱粒；另一种是用联合收割机直接收获。前者适用于杂草较多、种子成熟晚或叶面露水多的种子田，当目测田间有 2/3～3/4 的荚果变为褐色时进行刈割，晾晒到叶片含水量降低到 12%～18% 时进行脱粒，在最佳管理水平条件下，整个收获过程中种子的损失不超过 5～10 kg/hm^2。但收获期若遇到大风天气，种子的损失率可达 50% 以上，因而大风天气频繁出现的地区应以联合收割机直接收获为好。

（5）种子脱落。许多草种子成熟以后很快脱落，因而测定某品种草从第一小穗开花到种子脱落的时间很有必要。

3. 种子收获的方法

（1）收获工艺

①分段收获。分段收获是用割草机将草割倒，并成条铺放在茬地上，在田间晾晒以后，再进行捡拾、脱粒、分离和清选等工序。一般草种需经过 8～12 d 的晾晒，以提高脱粒与清选作业效率，同时在晾晒时间段内，未成熟的种子通过自身后熟的特性进一步成熟。

分段收获工艺的优点如下。一是种子的后熟作用使种子的成熟程度趋于一致，籽粒饱满，减少瘪种子的数量，提高种子质量等级，增加产量。二是经过晾晒的种子含水率降低，种子变得坚实。同时植株上的茎叶已经干燥，脱粒和分离更容易，有利于提高收获后种子的净度。三是根据气候条件，晾晒时间可以灵活掌握。其缺点是两种机器配合作业，增加了对土壤的压实，同时也增加了作业成本，种子损失率增加；易受天气因素影响，如遇雨天种子易发霉。

②直接收获。直接收获工艺可分为 3 种形式，分别为直接收获法、落叶收获法和专用草种子收获机直接收获法。直接收获法是用经过改装的谷物联合收获机进行收获；落叶收获法是收获前在草植株上喷洒药物，使叶子脱落，然后再用经过改装的谷物联合收获机收获，落叶收获法比直接收获法收获后的种子净度更高，并可提高收获效率，但收获成本增加；专用草种子收获机直接收获法是基于刈割前脱粒的技术条件，直接对草种子进行收集的方法。

（2）收获方法

收获草种子可以用联合收割机、马拉收割机或人工收割。用联合收割机收割，收获速度快，种子收获工作能在短期内完成，同时也可以省去普通方法收获时所必须的工作程序，如扎捆、运输、晒干、堆垛以及脱粒等，既省了劳动力，而且种子的损失也较少。

用联合收割机收获不仅收割速度快、损失少、收获率高，同时省去了捆束、运输、晒干、脱粒等程序。用联合收割机收获前，喷施干燥剂或脱水剂，使草茎叶脱水干燥。喷药 3～5 d 后，选择在无雾无露的晴朗干燥天气下进行收割，刈割高度 20～40 cm。这样可以较少割下绿色的茎、叶及杂草，减少收获时的困难，降低种子湿度和减少杂草的混入。

很多豆科草，当种子成熟时，植株不停止生长，而是处于绿色状态，给种子收获带来一定困难。因此，实践中在种子收获之前，常进行干燥处理（去叶处理），经处理后，可直接用联合收割机进行收获。据报道，羽扇豆植株当收获前每公顷喷洒 400 L 含氰氨化钙 15% 的溶液时，收获期提早了 12 d，种子含水量经处理后的第 7 天从 48.5% 下降至 19%，而未经处理的对照区从 48.5% 下降至 25.3%，12 d 后下降的情况相应为 16% 及 22.4%，17 d 后相应为 15.3% 及 20.6%，种子的饱满度、产量、千粒重及发芽率均高于对照区。

用联合收割机收获种子时，应在无雾、无露水的晴朗而干燥的时候进行，这样种子易于脱落，减少收获时损失。用联合收割机收获时的行进速度每小时不应超过 1.2 km。根据试验，如联合收割机的前进速度为每小时 1.2 km，每公顷种子的损失为 11 kg，如果速度达到 2.4 km 时，则损失可增高至 81 kg，为前者的 7 倍。

用马拉收割机收割，最好在清晨有雾时进行。这样可以减小种荚开裂、脱粒等损失。据试验，鸡脚草种子在雾下收获时，每公顷种子的损失量为 10 kg，而至午后收获时，每公顷种子的损失量增至 15 kg。小糠草、草地羊茅所进行的试验，其基本情况与鸡脚草相似。但应该指出的是，仅在清晨雾下收获，如果种子田面积大，必然拉长种子的收获时期，往往也会造成很大的损失。

用马拉收割机收获种子时，割倒后应立即搂集并捆成草束，尽快从田间运走，不应在种子田摊晒和堆垛，以免造成损失和影响再生。用联合收割机收获时留下的秸秆和草糠也应及时收集运走，供作饲喂家畜的粗饲料。

人工收割禾本科草种子的方法是用手将种子拍打于容器内或用镰刀将植株齐地面割下，运至晒场晾晒数日后，用拖拉机牵引轻型镇压器或石碾脱粒，数量少时用连枷敲打脱粒。种子田面积不大时，也可用镰刀将穗子割下晒干后脱粒。豆科草种子还可手工采摘其荚果。

对于成熟期很不一致、落粒性非常强的草种子，可采用多次种子收获法，用专用的拍打揉搓式脱粒器或收割器收获，或手工搓揉、拍打脱粒收获，成熟一批，收获一批。对脱落在地面上的种子，可用吸种机或人工清扫收集。

4. 种子田的收后管理

草种子收获后应立即清除残茬，以除去对分蘖节和芽的遮阳，从而增加分枝数，加速枝条生长，提高下茬种子产量。收获后进行行间中耕，可抑制枝条生长，减少倒伏，便于传粉，增加种子产量。此外，种子收后立即焚烧残茬，可防锈病、麦角病、线虫和杂草，例如多年生黑麦草种子产量从不清理残茬的 967 kg/hm^2 提高到 1 263 kg/hm^2。

知识链接 4-1-1

牧草机械化收获作业技术规范

知识链接 4-1-2

国内外草种子收获机发展概况

- **工具准备**

收割机、镰刀、农机具等。

- **材料准备**

成熟的草种子田。

- **人员准备**

任务分工

任务角色	任务内容
组长：	组织讨论，确定工作内容，分配小组人员，分配收获任务
组员 1：	参与讨论，咨询专业人员、查询相关资料，判断适宜收获期，完成收获任务
组员 2：	参与讨论，咨询专业人员、查询相关资料，选择合适的收获方式，完成收获任务
组员 3：	参与讨论，选择相应农机具，完成收获任务
组员 4：	参与讨论，进行收获，完成收获任务

任务实施

步骤一：观察草种子田，根据穗、种皮等固有颜色，测定千粒重、种子含水量、种子的硬度等特征并确定适宜收获期。

步骤二：确定收获方式，选择合适的农机具。

步骤三：完成草种子收获。

任务检测

请扫码答题。

任务评价

工作活动完成过程评价

班级：__________　　组别：__________　　姓名：__________

项目	评分标准	自我评价	小组评价	教师评价
判断适宜收获期（30 分）	收获材料准备（10 分）			
	收获步骤合理（10 分）			
	收获时期判断准确（10 分）			
草种子收获（30 分）	农机具安全使用（10 分）			
	步骤合理准确（10 分）			
	收获效果（10 分）			
活动完成过程（30 分）	能够根据工作任务资料分析并制订工作计划（5 分）			
	认真思考，积极动手、动脑（5 分）			
	积极参与小组合作与交流，配合默契，互帮互助（5 分）			
	通过小组讨论与再学习完成工作任务（5 分）			
	具有认真严谨的科学态度（10 分）			
活动效果（10 分）	整体的效果（很好为 10 分；较好为 7～9 分；一般为 3～6 分；较差为 0～2 分）			
合计				
自我评价与总结				
教师点评				

任务二 草种子清选

任务导入

对于种子田刚收获的草种子，需要进行清选处理。清选是为了清除混入草种子中的茎、叶、穗以及损伤种子的碎片、异草种子、杂草种子、泥沙、石块、空瘪种子等掺杂物，以提高种子纯净度，并为种子安全干燥和包装贮藏做好准备。通过种子清选实践，加强服务草牧业的意识，了解专业前景，培养专业的自信心，理解所从事专业未来发展的空间和社会意义，激发知农爱农的意识。

任务准备

• 知识准备

种子清选：清除种子中混入的茎、叶、穗及损伤种子的碎片、杂草种子、泥沙、石块、空瘪等掺杂物，以提高种子的净度。

种子精选：剔除混入的异草种或异品种种子及不饱满的、虫蛀的、劣变的种子，以提高种子的纯度以及发芽率和种子活力。

1. 种子清选精选的目的

清选的目的是清除混入种子中的掺杂物，为种子安全干燥和包装贮藏做好准备。

精选的目的是剔除混入的异种子和废种子，以提高种子的纯度级别和利用率。

在风筛机清选时，有芒种子的芒会阻塞筛孔，影响种子的正常清选，因此在对有芒种子进行清选时应先除芒。

2. 种子清选精选

（1）种子的尺寸特性和分离方法

①种子形状和大小。种子大小常以长度（l）、宽度（b）和厚度（a）来表示。主要有如下 4 种情况：

l>b>a，为扁长形种子，如水稻、小麦、大麦等的种子；

l>b = a，为圆柱形种子，如小豆等的种子；

l = b>a，为扁圆形种子，如野豌豆等的种子；

l = b = a，为球形种子，如豌豆种子。

②筛子种类和筛孔形状。

A. 筛子种类。常用种子清选用筛按其制造方法不同，可分为冲孔筛、编织筛和鱼鳞筛等种类。

B. 筛孔形状。常用冲孔筛的筛孔有圆孔、长孔和三角形孔等。

③不同形状筛孔的分离原理和分离用途。根据种子形状和大小，可选用不同形状和规格的筛孔进行分离。

A. 圆孔筛。按种子的宽度分离选择圆孔筛。种子的厚度＜筛孔直径＜种子的长度，因此只能限制种子的宽度：种子宽度大于筛孔直径的，留在筛面上；宽度小于筛孔直径的，则通过筛孔落下。

B. 长孔筛。按种子的厚度分离选用长孔筛。筛孔长度＞种子的长度（大两倍左右），筛孔宽度＜种子的宽度，所以只能按厚度分离。种子厚度大于筛孔宽度的留在筛面上，小于筛孔宽度的落于筛下。

C. 三角形筛。三角形筛可用于三角形种子的分离。在农业种子和杂草种子中存在三角形种子，如荞麦、蓼属和小酸模种子等，三角形筛就可用于从草种子中分离出小酸模种子。

D. 窝眼筒。窝眼筒的窝眼有钻成和冲压两类。钻成的窝眼形状有圆柱形和圆锥形两种，而冲压的窝眼可制成不同规格的形状（图 4-2-1）。喂入到筒内的种子，其长度小于窝眼口径的，就落入圆窝内，并随圆筒旋转上升到一定高度后落入分离槽中，随即被搅拢运走。长度大于窝眼口径的种子，不能进入窝眼，沿窝眼筒的轴向从另一端流出。这样，就可按种子长度进行分离。窝眼筒可以将小于种子长度的夹杂物分离出去，也可以将大于种子长度的夹杂物分离出去。

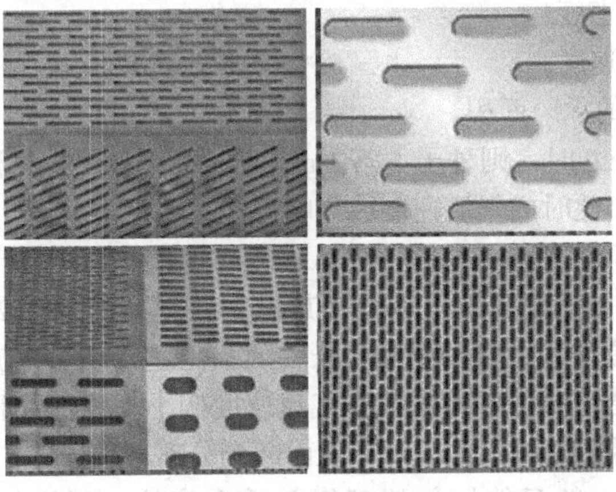

图 4-2-1　窝眼筒

E. 筛孔尺寸的选择。根据种子、杂质的尺寸分布，成品净度要求及获选率要求进行选择。通常底筛让小杂质通过，用于除去小杂质，而让好种子留在筛面上。底筛筛孔尺寸大，小杂质除去量多，有利于质量的提高，但小种子淘汰量也相应增加。中筛主要用于除去大杂质，让好种子通过筛孔，而大杂质留在筛面上到尾部排出。中筛孔越小，大杂质除净率越高，有利于成品种子质量的提高，但获选率会相应下降。上筛主要用于除去特大杂质，便于种子流动和筛面均匀分布。

根据杂质的特性，同一层筛可采用一种孔形或几种孔形，种子尺寸越接近筛孔尺寸，其通过的机会越少，二者尺寸相等时，实际上不能通过。因此，确定筛孔尺寸时，应比被筛物分界尺寸稍大些才可以。

F. 筛孔的布置。种子通过筛孔的可能性是随着筛面上的筛孔面积之和的增加而增加的。设筛子的单位工作面积为 F（m^2），而单位面积上的筛孔面积之和为

f(m²)，则相对有效面积利用系数：

$$\mu = f / F$$

μ 值越大，生产率越高。在材料允许的情况下，应尽量增加筛孔的面积。在孔距相同时，孔的排列形式不同，其 μ 值也不同。例如，按菱形排列的圆孔筛比正方形排列的有效面积利用系数提高 15% 以上。按菱形排列，通常 $\mu = 0.4 \sim 0.5$。生产实践证明，菱形排列的圆孔筛用长轴作为种子流动方向，比用短轴作种子流动方向更利于提高产量和质量。

（2）利用种子的空气动力学特性进行分离

① 种子的空气动力学特性。按种子和杂物对气流产生的阻力大小进行分离。任何一个处在气流中的种子或杂物，除受本身的重力外，还承受气流的作用力。重力大而迎风面小的，对气流产生的阻力就小，反之则大。

气流对种子的压力 P 的大小，可用下列公式表示：

$$P = \varepsilon \cdot \rho \cdot f \cdot v^2$$

式中：P—气流对物体的压力；

ε—阻力系数；

ρ—空气密度；

v—气流速度；

f—物体的承风面积。

当种子重量 $g > P$ 时，则种子下落，$g < P$ 时，则种子被气流带走，$g = P$ 时，则种子悬浮在气流中，此时的气流速度成为临界速度或悬浮速度。

②分离方式。

A. 垂直气流。一般配合筛子进行，其工作原理如图 4-2-2 所示。当种子沿筛面下滑时，受到气流作用，轻种子和轻杂物的临界速度小于气流速度，使随气流一起上升运动，到气道上端，断面扩大，气流速度变小，轻种子和轻杂物落入沉积室中，而重量较大的种子则沿筛面下滑，从而起到分离草种子的作用。

B. 平行气流。一般只能用作清理轻杂质和瘪粒，不能起种子分级作用，如风车。

C. 倾斜气流。根据种子本身的重力和所受气流压力的大小而将种子分离。在同一倾斜气流作用下，轻种子和轻杂质被吹走得远些。重种子就近落下。

D. 抛仍分离。目前使用的带式扬场机根据种子本身的重力和所受气流压力的大小而将种子分离。当种子从喂料斗中下落到传动带上，种子借助惯性向前抛出，轻质种子或迎风面大的杂物，所受气流阻力较大落在近处；重质和迎风面小的，则受气流阻力较小落在远处。这种分离也只能作初步分级，不能达到精选的目的。

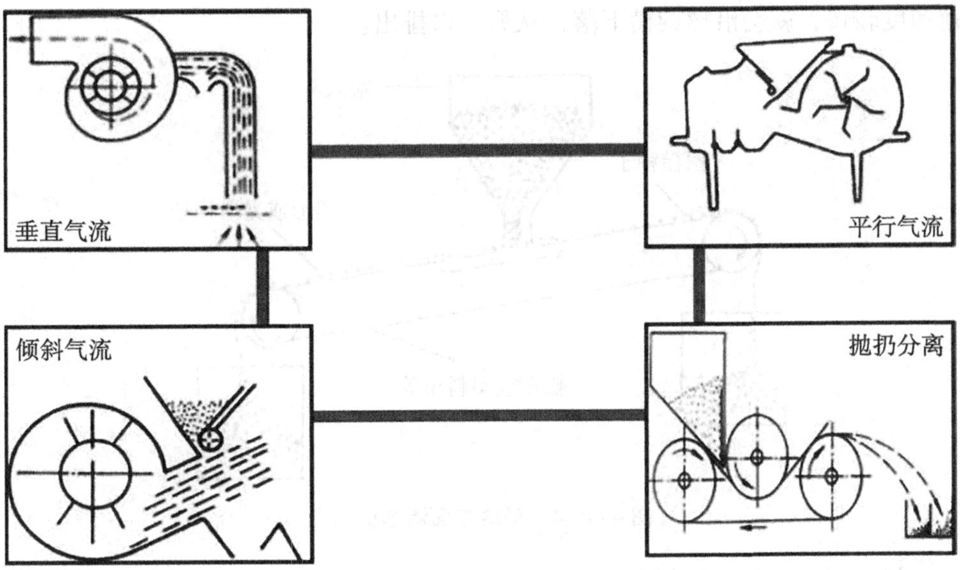

图 4-2-2　分离方式

（3）利用种子表面特性进行分离

根据种子表面形状、表面粗糙程度以及对摩擦系数的差异进行分离。表面特征清选法常用的设备有螺旋分离机（图 4-2-3）和倾斜布面清选机（图 4-2-4）。

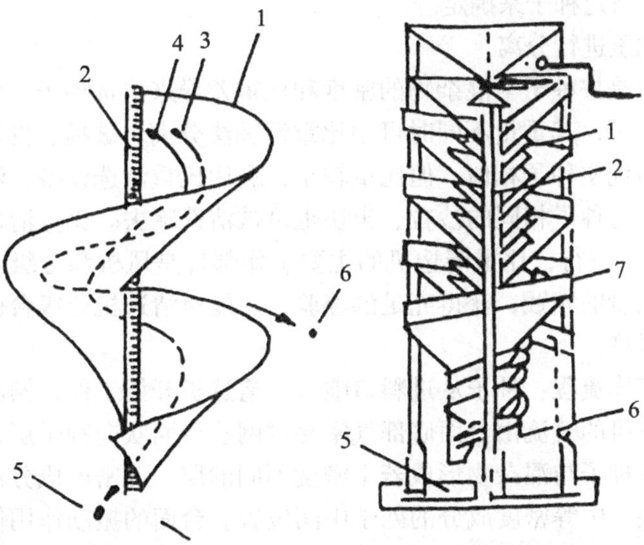

1. 螺旋槽；2. 轴；3,6. 球形种子；4. 非球形种子；
5. 非球形种子出口；7. 挡槽。

图 4-2-3　螺旋分离机

螺旋分离机的主要工作部件是固定在垂直轴上的螺旋槽，待清选的种子由上部加入，沿螺旋槽滚滑下落，并绕轴回转，球形光滑种子滚落的速度较快，故具有较大的离心力，会飞出螺旋槽，落入挡槽内排出。非球形或粗糙种子及其杂质，由于滑落速度较慢，就会沿螺旋槽下落，从另一口排出。

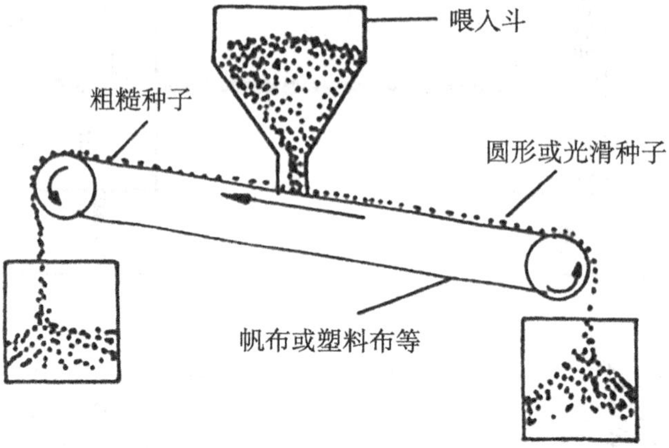

图 4-2-4　倾斜布面清选机剖面

倾斜布面清选机靠倾斜布面的向上运动将种子和杂质分离。待清选的种子及混杂物从设在倾斜布面中央的进料口喂人，圆形或表面光滑的种子，可从布面滑下或滚下，表面粗糙或外形不规则的种子及杂物，因摩擦阻力大于其重力在布面上的分量，所以会随布面上升，从而达到分离的目的。布面清选机的布面常用粗帆布、亚麻布、绒布或橡胶塑料等制成。分离强度可通过喂入量、布面转动速度和倾斜角夹调节，这些需要特定种子来确定。

（4）利用比重进行分离

比重清选法是按种子与混杂物的密度和比重差异来清选种子。大小、形状、表面特征相似的种子，其重量不同时可用比重清选法分离；破损、发霉、虫蛀、皱缩的种子，大小与优质种子相似，但比重较小，利用比重清选设备，清选的效果特别好。同样，大小与种子相同的沙粒、土块也可被清选除去。比重清选法常用比重清选机（图 4-2-5）进行，比重清选机的主要工作部件是风机和分级台面。比重清选机的使用需要大量的实践，获得充足的经验，才能对清选机分级台面的工作状态做出令人满意的调整。

比重清选工作流程：种子从进料口喂入，清选机开始工作，倾斜网状分级台面沿纵向振动，风机的气流由台面底部气室穿过网状台面吹向种子层，使种子处于悬浮状态，进而使种子与混杂物形成若干密度不同的层，低密度成分浮起在顶层，高密度成分在底层，中等密度成分的处于中间位置。台面的振动作用使高密度成分顺着台面斜面向上做侧向移动，同时悬浮着的轻质成分在本身重量的作用下向下做侧向运动，排料口按序分别排出石块、优质种子、次级种子和碎屑杂物。

（5）利用种子色泽进行分离

根据种子色泽明亮或灰暗的特征进行分离，使用光电分离机需要分离的种子通过一段照明的光导区域，然后将每粒种子的反射光与事先在背景上选择好的标准光色进行比较，当种子的反射光不同于标准光色时，即产生电脉冲信号，这些种子就从混合群体中被排斥落入另一个管道而分离（图 4-2-6）。

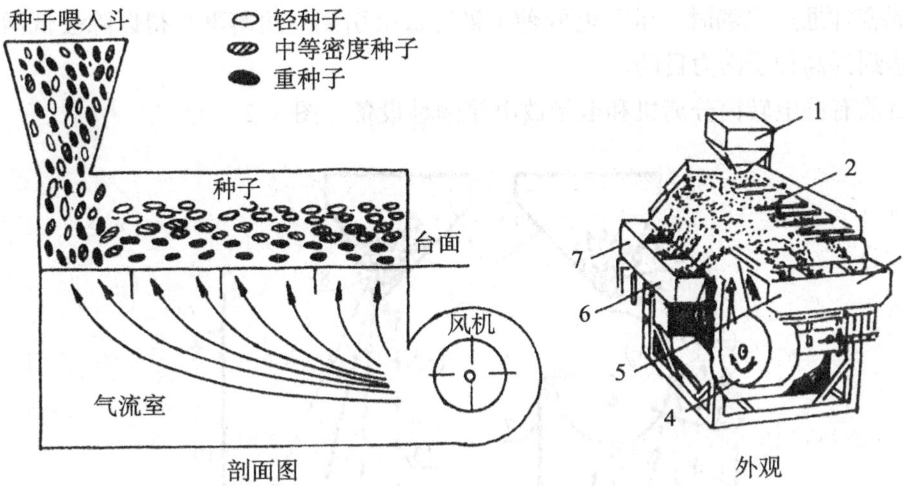

1. 喂入斗；2. 分级台面；3. 轻杂物出口；4. 风机；
5. 轻种子出口；6. 中等种子出口；7. 重种子出口。

图 4-2-5　比重清选机剖面图及外观

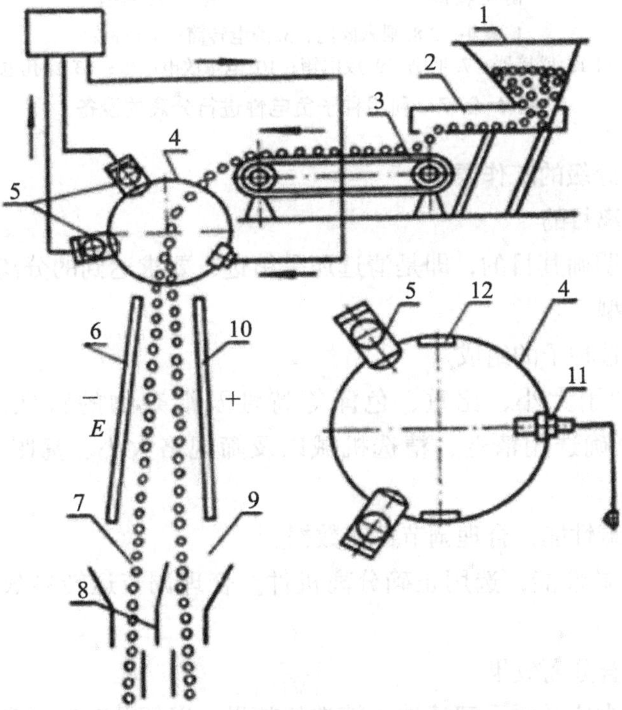

1. 种子漏斗；2. 电磁振动器；3. 输送器；4. 光学轮；5. 光导管；6, 10. 导向器；
7, 9. 收集器；8. 种子通道；11. 电极；12. 反光器。

图 4-2-6　光电分离机

（6）利用种子负电性进行分离

一般种子不带电，但种子劣变后种子负电增加。据此设计种子静电分离器，当种子混合样通过电场时，带负电的种子被正极吸引到一边落下，得以除去低活力种子，达到提高种子活力目的。

目前有静电转筒分离机和电晕放电箱两种设备（图 4-2-7）。

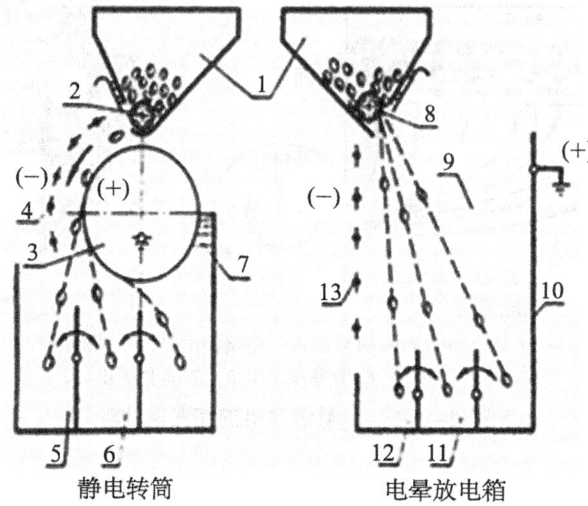

1. 漏斗；2,8. 喂入阀门；3. 静电转筒；4. 电极；
5,6,11,12. 盛接器；7. 毛刷；9. 放电箱；10. 电晕放电电极；13. 穿孔电极。

图 4-2-7　利用种子负电性进行分离的设备

3. 种子清选分级的工作要求

（1）明确分离目的

分选前，应明确其目的，即是清选还是精选，要求达到的分离等级标准，以便正确选择分离机型。

（2）了解预选种子的组成

分析预选种子大小、比重、色泽等特性及混杂物的特性，并明确获选种子要求，以便正确选用清选、精选机械以及筛规格大小、窝眼直径大小等技术参数。

（3）熟悉机械性能，合理调节运转数据

完全掌握机械性能，选用正确分离机件，合理调节运转参数，才能获得最佳效果。

（4）及时检查分离效果

在分离过程中应及时了解清选、精选的效果，以便及时改进和调节机器运转参数，以获得最佳分离效果。

知识链接 4-2-1

NY/T 1235—2006《牧草与草坪草种子清选技术规程》

知识链接 4-2-2

草种子加工设备

- **工具准备**

风筛清选、比重清选、表面特征清选、窝眼清选的机械等。

- **材料准备**

待清选的草种子。

- **人员准备**

任务分工

任务角色	任务内容
组长：	组织讨论，咨询专业人员、查询相关资料，确定工作内容，分配工作任务
组员 1：	参与讨论，根据拟清选草种子和杂物的讨论方案特征特性，确定适宜的清选方式
组员 2：	参与讨论，根据讨论方案清选方式和现有设备，选择适宜的清选设备
组员 3：	参与讨论，根据讨论方案，进行完成草种子清选
组员 4：	参与讨论，根据讨论方案，进行草种子清选

任务实施

步骤一：进行观察，充分了解草种子与混杂物之间的物理差异性。
步骤二：选择适宜的清选方式和相应仪器设备。
步骤三：草种子清选。
步骤四：确定清选草种子达到的质量等级。

任务检测

请扫码答题。

任务评价

工作活动完成过程评价

班级：__________ 组别：__________ 姓名：__________

项目	评分标准	自我评价	小组评价	教师评价
清选设备（30 分）	清选设备识别（10 分）			
	清选设备选择（10 分）			
	清选工作流程（10 分）			
清选（30 分）	草种子清选方式合理（10 分）			
	清选操作正确（10 分）			
	草种子清选质量达标（10 分）			
活动完成过程（30 分）	能够根据工作任务资料分析并制订工作计划（5 分）			
	认真思考，积极动手、动脑（5 分）			
	积极参与小组合作与交流，配合默契，互帮互助（5 分）			
	通过小组讨论与再学习完成工作任务（5 分）			
	具有认真严谨的科学态度（10 分）			
活动效果（10 分）	整体的效果（很好为 10 分；较好为 7～9 分；一般为 3～6 分；较差为 0～2 分）			
合计				

（续表）

自我评价与总结	
教师点评	

任务三 草种子干燥

任务导入

种子田收获的草种子完成了清选精选后，在贮存前应进行脱水干燥。否则，草种子收获后含水量较高，不利于贮藏，使其含水量达到规定的贮藏标准，以减弱种子生命活动对营养物质的消耗，杀死或抑制有害微生物，加速种子后熟，提高种子质量。认真负责、科学严谨地进行草种子干燥，准确掌握干燥方法及干燥程度，培养科学认真的学习态度。

任务准备

- **知识准备**

种子收获后、贮藏前，降低其含水量以保证种子在贮藏期间品质不变的技术措施即为种子干燥。

1. 种子干燥的重要性

干燥是种子最基本的加工措施，是保证种子安全贮藏和延长种子生活力的一个首要环节。种子生产上，从田间收获的种子，其含水量一般都超过规定的标准，必须及时干燥。一般新收获的种子水分高达 25%～45%，这么高水分的种子，呼吸强度大，放出的热量和水分多，种子易发热霉变，或者很快耗尽种子堆中的氧气而因缺氧呼吸产生的乙醇致死，或者遇到零下低温受冻害而死亡。因此，必须及时将种子干燥，把其水分降到安全包装和安全贮藏的水分水平，以保持种子旺盛的生命力和活力，提高种子质量，使种子能安全经过从收获到播种的贮藏期。

（1）种子中的水分

水分是种子中的一种重要的物质。种子中的水分有两种状态：

①游离水（自由水）。游离水具有一般水的性质，可作为溶剂，0 ℃时能结冰，也容易从种子中蒸发出去。

②结合水（束缚水）。结合水牢固地与种子中的亲水胶体（主要是蛋白质、糖类及磷脂）结合在一起，不易蒸发，低温下也不结冰。

（2）种子游离水含量与种子安全贮藏的关系

种子的游离水与种子的生命活动密切相关。在种子的形成、成熟和种子萌发期间，必须有足够的游离水，否则，将影响种子正常的生命活动。但在种子贮藏期间，游离水将给种子带来一系列不利影响。

①导致营养物质消耗。游离水含量高时，种子中的水解酶就处于活化状态，种子新陈代谢就会一直处于旺盛状态，其结果使种子内部的营养物质大量消耗。

②致使有害物质积累和温度升高。游离水含量高，种子呼吸强度大，产生的一些有害物质逐渐积累，严重时将导致种子中毒；同时呼吸热还会使种堆温度升高，反过来又会促进种子的代谢活动。结果大大降低种子质量，缩短种子的寿命。

③游离水含量高时，仓虫和微生物的活动旺盛，影响种子安全贮藏。

④在游离水含量高时对仓库进行药剂处理，还易使种子产生药害等。

2. 种子干燥理论

种子干燥的基本原则是迅速排除种子内的水分，而又不影响种子的品质。在种子学上，有临界水分的概念。临界水分是指种子的结合水达到饱和程度并即将出现游离水分时的种子含水量。不同草种子的临界水分值有所不同，禾本科种子一般为 12%～14%，豆科种子一般为 10% 以下。种子含水量在临界水分以下，一般可以进行较长时期的安全贮藏；若高于临界水分，必须干燥后才能贮藏。否则，游离水存在于种子细胞组织的间隙中，在种子内可以自由移动，溶解力强。有游离水存在，活性酶处于活化状态，是种子生命活动和昆虫微生物能够利用的水分。所以种子干燥就是要排除种子中的游离水，使游离水降到最低限度，使得种子中的酶特别是水解酶处于钝化状态，只有种子的新陈代谢处于很微弱的程度，才能确保种子的安全贮藏。

种子的干燥有两个基本过程：种子内部的水分以气态或液态的形式沿毛细管扩散到种子表面，再由表面蒸发到干燥介质中去。当扩散速度大于蒸发速度时，蒸发速度的大小对干燥过程起着控制作用。反之，当蒸发速度大于扩散速度时，扩散速度的大小对于干燥过程起着控制作用。合理的干燥工艺应该是：使内部扩散速度等于外部蒸发速度。

3. 影响种子干燥的因素

影响种子干燥速度的因素有种子干燥期间的环境因素和种子自身内在因素。

（1）环境因素

①空气相对湿度即干燥时空气中含水量的高低。只有当空气相对湿度低于种子平衡水分时，种子的水分才能释放出来，反之，种子还会从外界吸收水分。种子的干燥过程，实际上是一个种子与外界的水分平衡问题。

②温度。较高的温度条件有利于降低空气相对湿度促进种子水分蒸发，但过高的温度会影响种子的生命力。不同草种子对高温的忍耐力有所不同。在保证种子活力不受影响的情况下，适当提高温度可取得好的干燥效果。

③空气的流动速度。空气的流动速度大，种子中的水分容易散失，干燥快；反之，水分不易散失，干燥慢。

（2）内在因素

①种子的化学成分。种子的化学成分不同，其组织结构有很大差异，将影响种子的干燥。

A. 以淀粉为主要成分的种子。这类种子组织结构疏松、籽粒内毛细管粗大，传湿力强，可采用较大强度的干燥措施，干燥温度可达 30～40℃。

B. 蛋白质含量高的种子。这类种子中含有大量的蛋白质，内部结构致密，传湿力差，但其种皮部分易失水，如果在高温环境下快速干燥，易导致种皮破裂，给贮藏带来困难；同时，在高温环境下干燥易使蛋白质变性，影响种子活力，所以应实行低温慢速干燥或带荚壳暴晒。温度一般 20～30℃。

C. 油质种子。这些种子含有大量的脂肪，水分散发较容易，并且有很好的生理耐热性，可实行高温快速干燥，干燥温度 50～60℃。

②种子的含水量。刚收获的种子，水分含量一般都偏高，生理代谢作用旺盛，如果干燥速度过快，会破坏种子内部的毛细管结构，引起种子表面硬化，内部水分不易散发，种子易自然“回潮”；同时，在种子含水量较高时，持续高温还会影响种子活力。因此最好采用先低温，后高温或采用二次干燥法。

③种子中杂质含量。种子中含有大量杂质时，水分不易散失，将影响种子的干燥速度。同时杂质还可能影响种子的散热，造成种子温度的异常升高，影响种子活力。

4. 种子干燥的方法

干燥方法是与收获方式相结合的，不同的收获方式所采用的干燥方法不同。

（1）自然干燥

小面积种子田，一般采用人工或割草机刈割收获，分脱粒前干燥和脱粒后干燥两种方式（图 4-3-1）。

①脱粒前干燥。用马拉收割机或人工刈割后将带籽穗株丛捆成草束自然干燥。自然干燥就是利用日光暴晒、通风、摊散等方法降低含水量，在草束中干燥时，为了加快其干燥速度和不致产生霉烂，可将草束垛成“人”字形，架晒在晒干场上。

如不以草束干燥时，可将其均匀摊开在晒场上，厚度 5～10 cm。在条件许可时，亦可采用做调制干草的木质或铁丝长架及幕式架进行干燥。干燥至一定时间，即可进行脱粒。种子的湿度仍较高时，应继续进行晾晒或反复摊晒，直至达到贮藏所要求的含水量。

②脱粒后干燥。用联合收割机收获时，边收割边脱粒，此后将脱粒后的种子摊晾在晒场上晾晒。在降雨少、收获季节气候干燥的地区，常采用这种干燥方法。在晴天阳光下干燥时，每日宜翻动数次，加速其干燥过程。其技术要点包括清场预晒，晒种先晒场；薄摊勤翻，扩大种子与阳光和空气的接触面，便于水分蒸发。晾晒场地以水泥晒场较好，因其场面结实，地下毛细管水不易上升，场面温度升高较快。在晒场上晾晒的种子应摊成波浪式，其水分蒸发面大，干燥效果较平摊式为好。摊晒的种子，一般小粒种子厚度不超过 5 cm，中粒种子厚度不超过 10 cm，大粒种子厚度不宜超过 15 cm。摊晒时要勤翻动，使其上下层暴晒均匀，种子干燥也较快。在晒场附近没有厂房时应搭上棚舍，以备夜间或下雨时堆放种子，第二天或雨后再行摊晒。联合收割机收获的种子，在暴晒干燥时，晒场应选择四周空旷、通风而无高大建筑物的地方，以波浪形方式摊开晾晒，一日之内勤翻动，使种子均匀干燥。

图 4-3-1　自然干燥

在种植面积较大的专业化草种子生产中，常采用联合收割机收获，干燥常采用烘干机械干燥法。常用的干燥设备有滚筒鼓风烘干机、烘干塔或蒸汽干燥机等。干燥时，温度采用先低后高，使种子不致因干燥降低生活力，一般干燥最高温度不应高于 40℃，干燥水分标准，豆科种子应低于 10% 的临界含水量，禾本科种子应低于 12%～14% 的临界含水量。对于含水量很高的种子，要进行二次间隙干燥处理。

（2）人工机械干燥

在现代化种子生产中，种子常采用人工机械干燥的方法，如通风干燥、加温干燥等。

①通风干燥（机械鼓风干燥）。通风干燥就是用鼓风机把种子扩散在空气中的

水分及时地用风带走的原理来干燥种子的方法。风速越大，干燥的速度越快（图4-3-2）。

图 4-3-2　机械鼓风干燥

②加温干燥（机械烘干）。加温干燥首先把空气加热，以其为热湿的载体干燥种子。该法干燥速度快，工作效率高，不受自然气候条件的限制。但操作技术要求严格，稍有不慎就会使种子丧失生活力。加温干燥种子的原理是：热空气把热量传递给种子，使种子内部的水分发生转移，并通过种皮蒸发出去。加热干燥法根据传热方式的不同，又分为对流干燥法、辐射干燥法、传导干燥法、微波干燥法等。常用的干燥机有滚筒式干燥机、成批循环式干燥机、塔式干燥机等。无论用何种干燥机进行种子的干燥时，种子的出机温度应保持在 30～40℃。如果种子含水量较高，最好进行两次干燥，并采取先低后高的原则，使种子不致因干燥而降低其品质。对于带有芒等流动性差的草种子，应在干燥前进行去芒。

③冷冻干燥（冰冻干燥）。是使种子水分在冰点以下的温度条件下产生冻结现象，再进行升华（由固态直接变为气态）除去水分，达到干燥目的的干燥方法。这种方法不仅可以除去种子中的游离水，还可除去部分结合水，同时对种子的损伤很小，使种子耐贮性增加。但此法对设备条件和技术要求都较高，在草种子生产大田上应用还不多。

④干燥剂干燥。干燥剂干燥是一种在密封条件下把干燥剂和种子放在一起的干燥方法。该法不需要提高温度，更不需要通风，非常安全，而且能把种子的含水量干燥到很低的水平。干燥剂有液体和固体两种，液体干燥剂有氯化锂，固体的有氧化硅胶、生石灰、氯化钙等。干燥剂干燥是利用某些吸湿力较强的化学物质同种子一起存放，这些物质可以吸收空气中的水分，降低种子的平衡含水量，从而干燥种子。这种方法有利于避免种子的老化。

- **工具准备**

草种子干燥机具设施设备。

- **材料准备**

干燥剂、进行干燥的草种子等。

- **人员准备**

知识链接 4-3-1

草种子干燥设备

任务分工

任务角色	任务内容
组长：	组织讨论，查阅资料，确定工作内容，分配工作任务
组员 1：	参与讨论，咨询专业人员、查询相关资料确定烘干方式
组员 2：	参与讨论，咨询专业人员，查阅常用烘干设备资料
组员 3：	参与讨论，咨询专业人员，熟悉常用烘干机烘干操作
组员 4：	参与讨论，使用常用烘干设备，完成对草种子进行干燥处理

任务实施

步骤一：根据草种子的种子特性、含水量情况及现有场地和干燥设备情况，确定干燥方式。

步骤二：检测干燥机械运行状况，如要进行自然干燥，提前准备好干燥场地并预先晒场。

步骤三：草种子干燥，可采用自然干燥和人工机械干燥。

任务检测

请扫码答题。

任务评价

工作活动完成过程评价

班级：__________　　组别：__________　　姓名：__________

项目	评分标准	自我评价	小组评价	教师评价
烘干设备（30分）	滚筒式干燥机、百叶窗式干燥机识别（10分）			
	风槽式干燥机、塔式干燥机和通风带式干燥机、扦样器、分样器识别（10分）			
	烘干设备使用（10分）			
样品干燥（30分）	干燥方式选择合理（10分）			
	干燥设备按规程操作正确（10分）			
	样品干燥达标（10分）			
活动完成过程（30分）	能够根据工作任务资料分析并制订工作计划（5分）			
	认真思考，积极动手、动脑（5分）			
	积极参与小组合作与交流，配合默契，互帮互助（5分）			
	通过小组讨论与再学习完成工作任务（5分）			
	具有认真严谨的科学态度（10分）			
活动效果（10分）	整体的效果（很好为10分；较好为7～9分；一般为3～6分；较差为0～2分）			
合计				
自我评价与总结				
教师点评				

任务四　草种子包衣

任务导入

收获的草种子，经过清选、干燥处理，达到品质优良，可作为繁育种子。为进一步提高播种质量，需要进行草种子包衣。种子包衣是将种衣剂按一定比例混合均匀，在种子表面涂上一层均匀的薄膜，形成包衣种子，以提高抗逆性、抗病性，加快发芽，促进成苗，增加产量，提高质量的一项新技术。通过种子包衣制作，要树立不畏艰险，勇攀科学高峰的勇气和毅力。

任务准备

● 知识准备

2012 年以来，随着国家“振兴奶业苜蓿发展行动”“退牧还草”和“草原生态保护补助奖励政策”的全面实施，草牧业、“粮改饲”试点项目的启动，极大推动了我国草产业的发展，同时也带动了草种业的发展，市场对优质草种子的需求量明显增加。《2021 年中国国土绿化状况公报》显示，仅 2021 年种草改良草原 306.67 万 hm^2。可见，每年需要的优质草种子量非常大。当前，优质草种子仍处于供不应求状态，草种子市场受国外进口品种冲击较大，知识产权保护制度不完善。在良种繁育和推广方面，由于草种认证制度不健全，品种产权保护制度不完善，草种生产相对效益低，假冒伪劣种子泛滥。因此，在有限的草种子资源条件下，积极运用种子包衣技术能有效提高草种子萌发成苗在不同区域逆境胁迫的抵抗能力，实现精量播种，以此等来满足国家对于优质草种子的需求，为畜牧业的发展提供基础保障。

1. 种子包衣技术

种子包衣技术是将杀菌剂、杀虫剂、微肥、植物生长调节剂、着色剂或填充剂等特制的种衣剂按一定比例混合均匀，包裹在种子表面，形成包衣种子，以提高种子抗逆性、抗病性，加快发芽，促进成苗，增加产量，提高质量的一项植物保护技术。种子包衣属于批量连续式生产，种子被定量地计量，同时药液也被定量地计量。计量后的种子和药液同时下落，下落的药液在雾化装置中被雾化后喷洒在下落的种子上，使种子丸化或包膜，最后搅拌排出。根据种子包衣后的形状不同，可分为种子包膜、种子丸化。

（1）种子包膜

种子包膜技术是将种子与杀菌剂、杀虫剂、微肥、植物生长调节剂、着色剂或填充剂等特制的种衣剂按一定比例混合均匀，在种子表面涂上一层均匀的薄膜，薄膜包衣后的种子外形和大小均无明显变化。小型实验室包膜设备主要由通风装置、标准丸化盘以及高压喷枪 3 部分组成。大规模包膜则采用通风滚筒包衣机，能连续使用各种多聚物系统和组分并提供干燥。

（2）种子丸化

种子丸化技术是基于种子包衣技术而发展，是一项适应于精量播种的农业高新技术，其用特制的丸化材料通过机械加工，制成大小均匀、表面光滑、颗粒增大的丸（粒）化种子，种子的体积和重量都有增加，千粒重也随之增加。这种包衣方法主要适用于小粒种子，以利于精量播种。

（3）包衣机具

种子包衣时，对机具的要求有以下几点。

①保证密闭性。为了保证操作人员不受药害，包衣机械在作业时必须保证完全密闭，即拌粉剂药物时，药粉不能散扬到空气中，或抛撒在地面上；拌液剂药物时，药液不可随意滴落到容器上，以免污染作业环境。

②保证混拌包衣均匀。在机具性能上应能适用粉剂、液剂及粉剂、液剂同时使用，要保证种子和药剂能按比例进行混拌包衣，比例要根据需要调整，调整方法要简单易行。包衣时，要保证药液能均匀地黏附在种子表面或丸化。

③有较高的经济性。机具生产要效率高、造价低，构造要简单，与药物接触的零部件要采用防腐材料或采取防腐措施，以提高机具的使用寿命。

（4）包衣前准备

包衣作业开始前应做好机具的准备、药剂的准备和种子的准备。选择包衣机根据种子种类和包衣方式，选择适用包衣机。

①机具的准备。首先要检查包衣机的技术状态是否良好，如安装是否稳固、水平，各紧固螺栓是否有松动，转动部分是否有卡阻，以及机具中是否有遗留工具或异物；然后应进行试运转检查电机旋转，方向是否正确，各转动部分旋转是否平稳；搬动配料斗轴摆动，观察供粉装置和供液装置能否正常工作。试运转时还应注意听，是否有异常声音。当发现各种问题时，应逐一认真解决，妥善处理，确认机具技术状态良好后即可投入作业。

②药剂的准备。首先应根据不同种子对种衣剂的不同要求，选择不同类型的种衣剂，还应根据加工种子的数量、配比，准备足够量的药物。对于液剂药物的准备，主要是根据不同药物的不同要求配制好混合液。一般液剂药物的使用说明中都会详细指出药物和水的混合比例，并按说明书中的比例进行配制。混合时一定要搅动，使药液混合均匀。药物的准备如果只使用 1 种液剂药物，就只准备 1 种。如果同时需要两种就准备两种，但必须注意药剂的配比，不可用药过量。对于初次进行包衣的操作者来讲，最好能在有经验的农艺师、工程师指导下做好药物的准备工作。

③种子的准备。凡进行包衣的种子必须是经过精选加工后的种子，种子水分也在安全贮藏水分之内。对于种子加工线来讲，包衣作业是最后一项工序，包衣机械都置于加工线的最末端。在包衣前对种子进行一次检查，确认种子的净度、发芽率、含水率都合乎要求时，方可进行包衣作业。

④发芽试验。种子在采用种衣剂机械包衣处理前，都必须做发芽试验，只有发芽率较高的种子才能进行种衣剂包衣处理。经过种衣剂包衣处理的每批种子，也都要做发芽试验，以检验包衣处理种子的发芽率。对包衣后的种子可以采取以下方法做发芽试验。

A. 湿砂平皿法。用筛过的细面沙，加入沙子重量 17% 的水，拌匀装入直径 15 cm 的大培养皿中，厚度为培养皿深的一半，压平、留发芽用。插入一定数量种子后，放到规定温度培养箱内，测其发芽势和发芽率。

B. 大砂盘法。所用沙与 A 相同，加水复平播种后，加盖放入规定温室内，查其发芽势和发芽率。

2. 种衣剂

种衣剂是一种用于种子包衣的新制剂。主要由杀虫剂、杀菌剂、复合肥料、微量元素、植物生长调节剂、缓释剂和成膜剂或黏着剂等加工制成的药肥复合型的种子包衣新产品。种衣剂以种子为载体，借助于成膜剂或黏着剂黏附在种子上，很快固化为均匀的一层药膜，不易脱落。播种后种衣剂对种子形成一个保护屏障，吸水后膨胀，不会被立刻溶解，随种子、发芽、出苗成长，有效成分逐渐被植株根系吸收，传导到幼苗植株各部位，使幼苗植株对种子带菌、土壤带菌及地上地下害虫起到防病治虫的作用，促进幼苗生长，增加草产量。尤其在寒冷条件下播种，包衣能起到防止种子吸胀损伤。

（1）种衣剂的类型及其性能

目前种衣剂按其组成成分和性能的不同，可分为农药型、复合型、生物型和特异型等类型。

①农药型。这种类型种衣剂应用的主要目的是防治种子和土壤病害。种衣剂中主要成分是农药。大量应用这种种衣剂会污染土壤和造成人畜中毒，因此应尽可能选用高效低毒的农药加入种衣剂中。

②复合型。这种种衣剂是为防病、提高抗性和促进生长等多种目的而设计的复合配方类型。因此种衣剂中的化学成分由农药、微肥、植物生长调节剂或抗性物质等组成，目前许多种衣剂都属这种类型。

③生物型。这是世界上新开发的种衣剂。根据生物菌类之间拮抗原理，筛选有益的拮抗根菌，以抵抗有害病菌的繁殖、侵害而达到防病的目的。美国为防止农药污染土壤，开发了根菌类生物型包衣剂，我国浙江省种子公司也开发了根菌类生物型包衣剂。从环保角度看，开发天然、无毒、不污染土壤的生物型包衣剂也是一个发展趋向。

④特异型。这种种衣剂是根据不同草种子而专门设计的种衣剂类型，能使其更好地适应环境，提高发芽率、出苗率等，从而达到提高种子产量的目的。

（2）种衣剂配方成分和理化特性

①种衣剂配方成分。目前使用的种衣剂成分主要有以下两类。

A. 活性成分。该成分是对草种子和草植株生长发育起作用的主要成分。如杀菌剂，主要用于杀死种子上的病菌和土壤病菌，保护幼苗健康生长。目前我国应用于种衣剂的农药有辛硫磷、多菌灵、五氯硝基苯、粉锈宁等。

B. 非活性成分。种衣剂除有效活性成分外，还需要有其他配用助剂，以保持种衣剂的理化特性。这些助剂包括包膜种子用的成膜剂、悬浮剂、抗冻剂、防腐剂、酸度调节剂、胶体保护剂、渗透剂、黏度稳定剂、扩散剂和警戒色染料等；丸化种子用的黏着剂、填充剂和着色剂等化学药品。

种子包膜所用的种衣剂是将农药、微肥、激素等材料溶解和混入成膜剂而制成为乳糊状的剂型。种子包膜用的成膜剂有较多种类，如用于豆类种子的成膜剂为乙基纤维素，甜菜种子的包膜剂为聚吡咯烷酮等。种子丸化的黏着剂主要为高分子聚合物，如阿拉伯胶、淀粉、羧甲基纤维素、甲基纤维素、乙基纤维素、聚乙烯醋酸纤维(盐)、藻肮酸钠、聚偏二氯乙烯、聚乙烯氧化物、聚乙烯醇等；填充剂的材料较多，有黏土、硅藻土、泥炭、云母、硅石、珍珠岩、活性炭、磷矿粉等，在选用填充剂时应考虑取用方便，价格便宜，对种子无害的材料；着色剂主要有胭脂红、柠檬黄、靛蓝，按不同比例配比，可得到多种颜色，一方面可作识别种子的标志，另一方面也可作为警戒色，防止鸟雀采食。

②种衣剂理化特性。优良包膜型种衣剂的理化特性应达到如下的要求。

A. 合理的细度。细度是成膜性好坏的基础。种衣剂细度标准为 2～4 μm。要求≤2 μm 的粒子在 92% 以上，≤4 μm 的粒子在 95% 以上。

B. 适当的黏度。黏度是种衣剂黏着在种子上牢固度的关键。不同种子的动力黏度不同，一般在 150～400 MPa.s（黏度单位）。小麦、大豆要求在 180～270 MPa.s，玉米要求在 50～250 MPa.s，棉花种子要求在 250～400 MPa.s。

C. 适宜的酸度。酸度决定了种子发芽率和贮藏期的稳定性，要求种衣剂为微酸性至中性，一般 pH 值 6.8～7.2 为宜。

D. 较高的纯度。纯度是指所用原料的纯度，要求有效成分含量要高。

E. 良好的成膜性。成膜性是种衣剂的又一关键特性，要求能迅速固化成膜，使种子不粘连、不结块。

F. 高的种衣牢固度。种子包衣后，膜光滑，不易脱落。种衣剂中农药有效成分含量和包衣种子的药种比应符合产品标志规定。

G. 良好的缓解性。种衣剂能透气、透水，有再湿性，播种后吸水很快膨胀，但不立即溶于水，缓慢释放药效，药效一般维持 45～60 d。

H. 良好的贮藏稳定性。冬季不结冰，夏季有效成分不分解，一般可贮藏 2 年。

I. 对种子的高度安全性和对防治对象较高的生物活性。种子经包衣后的发芽率和出苗率应与未包衣的种子相同，对病虫害的防治效果应较好。

3. 使用种衣剂包衣种子注意事项

（1）安全贮存保管种衣剂

种衣剂应装在容器内，贴上标签，单独存放仓库内或凉爽阴凉处。严禁和粮食、食品等存在一个地方；搬动时，严禁吸烟、吃东西、喝水；存放种衣剂的地方，必须加锁，由专人严加保管；存放种衣剂的地方严禁儿童或闲人进入玩耍、触摸；存放种衣剂的地方，要备有肥皂、碱性液体物质，以备发生意外时使用。

（2）安全处理种子

在使用种衣剂包衣处理种子时必须注意以下几点。

①种子部门严禁在无技术人员指导下将种衣剂零售给农民自己使用。

②种子部门必须出售采用包衣机包衣的种子。

③进行种子包衣的人员，严禁徒手接触种衣剂，或用手直接包衣，必须采用包衣机或其他器皿进行种子包衣。

④负责包衣处理种子人员在包衣种子时必须使用防护措施，如穿工作服、戴口罩及乳胶手套，严防种衣剂接触皮肤，操作结束时立即脱去防护用具。

⑤工作中不准吸烟、喝水、吃东西，工作结束时用肥皂彻底清洗裸露的脸、手后再进食、喝水。

⑥包衣处理种子的区域严禁闲人、儿童进入。

⑦包衣后的种子要保管好，严防畜禽进入场地吃食包衣的种子。

⑧包衣后的种子必须晾干成膜后再播种，不能在地头边包衣边播种，以防药末固化成膜而脱落。

⑨使用种衣剂时，不能另外加水使用。

⑩播种时不需要浸种。

（3）安全使用种衣剂

①种衣剂不能同敌稗等除草剂同时使用，如先使用种衣剂，须 30 d 后才能再使用敌稗；如若先使用敌稗，须 3 d 后才能播种包衣种子，否则容易发生药害或降低种衣剂的效果。

②种衣剂在水中会逐渐水解，水解速度随 pH 值及温度升高而加快，所以不能和碱性农药、肥料同时使用，也不能在盐碱地较重的地方使用，否则容易分解失效。

③在搬运种子时，检查包装有无破损、漏洞，严防种衣剂处理的种子被儿童或禽畜误食后中毒。

④使用包衣后的种子，播种人员要穿防护服、戴手套。

⑤播种时不能吃东西、喝水，徒手擦脸、眼，以防中毒，工作结束后用肥皂洗净手、脸后再进食。

⑥装过包衣种子的口袋，严防误装粮食及其他食物、饲料。将袋深埋或烧掉以防中毒。

⑦盛过包衣种子的盆、篮子等，必须用清水洗净后，再做他用，严禁再盛食物。洗盆和篮子的水严禁倒在河流、水塘、井池边，可以将水倒在树根、田间，以防人或畜、禽、鱼中毒。

⑧出苗后，严禁用剪下来的苗喂牲畜。

⑨凡含有呋喃丹成分的各型号种衣剂，严禁在瓜、果、蔬菜上使用，尤其叶菜类绝对禁用。因呋喃丹为内吸性毒药，残效期长，菜类生育期短，用后对人有害，且自 2025 年 12 月 1 日起，呋喃丹被禁止销售和使用。

用含有呋喃丹种衣剂包衣水稻种子时，注意防止污染水系。

严禁用喷雾器将含有呋喃丹的种衣剂用水稀释后向草植株喷施，因呋喃丹的分子较轻，喷施污染空气，对人类造成危害。

⑩使用种衣剂后的死虫、死鸟严防家禽家畜误食后发生二次中毒。

（4）中毒后的急救

①呋喃丹中毒症状出现头痛、精神衰弱、呕吐、瞳孔收缩、视觉模糊、肌肉震颤或发抖、四肢痉挛、流涎、出汗、腹泻等现象。

②急救。误食后不能催吐，应立即就医；触及眼睛时，须用清水冲洗 15 min 或滴入一滴阿托品；呋喃丹含胆碱醋酶的可逆抑制剂，不能用磷中毒一类的解毒药进行急救，先在皮下注射 2 mg 阿托品，直至出现阿托品反应症状（口干、瞳孔扩张）为止；弄到皮肤上，要立即用碱水冲洗。

4. 种子包衣机

种子包衣机按照物料输送方式划分，有批次式和连续式两种；按照药液供给方式划分，有雾化和非雾化两种，前者可分为甩盘雾化式和喷雾雾化式，后者可分为泵液式（即连续式）和翻斗式（即间歇式）；按照料液混配方式划分，有旋转式、搅龙式、螺旋推送式和回转釜式 4 种。

种子包衣机一般由种子供给装置、种衣剂供给装置、种衣剂雾化装置等组成。

（1）种子供给装置

由喂入手柄、喂料门、计量料斗、配重杆和可调节配重锤组成。用喂入手柄可以调节喂料门的开度大小。计量料斗由两个完全一样的料斗组成，当种子流入一侧料斗时，另一侧的料斗是翻转的。在种子重量大于配重锤的重量时，料斗自动翻转倒出种子，另一侧料斗翻上来开始接料，每斗种子的重量是靠改变配重锤在配重杆上的高度来调节的。

（2）种衣剂供给装置

由药泵、输药管、给药阀门、回流阀门等部分组成。药液经药泵打出，给药阀门控制进入计量药箱的药量，多余的药液经回流阀门返回药桶。因为种衣剂具有一定的腐蚀性，所以药桶、阀门、管道等凡与药液直接接触的部位均需采用耐腐蚀材料制造。

（3）种衣剂雾化装置

气体雾化式包衣机由空气压缩机、调压阀、压力表、喷嘴等部分组成。空气压缩机、调压阀、压力表都是为了保证工作时有正常的空气流量和稳定的压力。喷嘴的中心是进药管，压缩空气在进药管四周并在进药管端部的排药处排出。气体是通过几个有一定角度的排气道排出，排出来的空气形成旋转的高压气流，来冲击排出的药液使其雾化。甩盘雾化式包衣机结构简单，在雾化室内有一个高速旋转的甩盘，药液在甩盘上被撞击雾化。

（4）搅拌和传动装置

螺旋搅拌式包衣机的搅拌杆安装在搅拌壳体内，种子从带有螺旋的一端上部喂入，进行搅拌包衣。另一端传动装置，包好的种子从下部排料口排出，搅拌杆的转动速度是可调的，调节范围 140～200 r/min。

螺旋搅拌式包衣机的搅拌杆的传动装置，由电机和安装在电机轴上的无变速器及安装在搅拌杆上的传动轮组成。调节电动机和传动轮之间的距离可以改变搅拌杆的转数。

滚筒式包衣机的工作部件是一个圆筒，内部装有促进种子翻动的导板。导板的作用是把筒内的种子提升到一定高度，然后种子靠重力的作用翻落下来，完成搅拌作用。

5. 种子包衣机类型

主要机型包括滚筒喷雾式、甩盘雾化式、旋转式包衣机。

（1）滚筒喷雾式

滚筒喷雾式种子包衣机最关键的装置是滚筒。作业时，利用滚筒的旋转以及种子在滚筒内翻滚搅拌过程的相互摩擦来完成种子的拌药和包衣过程。种衣剂采用高压空气雾化或通过药泵使药液压力加大，加压后的药液通过喷嘴时的雾化方式，不仅经济合理，而且能使表面粗糙的草种子获得较好包衣效果。如 5BY 型系列种子包衣机，其中 5BY-5A 型包衣机，可有效地防止种子破损，使种衣剂在种子表面包覆更均匀（图 4-4-1）。

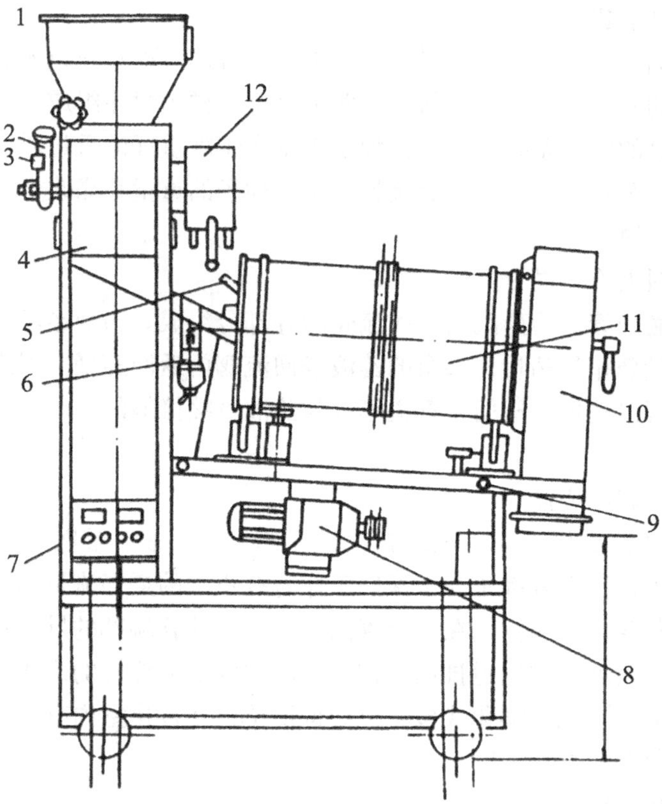

1. 喂料斗；2. 计量摆杆；3. 配重块；4. 配料箱；5. 喷头；6. 调压阀组合；7. 配电箱；8. 减速机；9. 倾角调节手轮；10. 排料箱；11. 滚筒；12. 药液箱。

图 4-4-1 5BY-5A 型种子（包膜）包衣机

5BY-5A 型种子包衣机，以 PLC 为控制核心，采用 ProTool/ProCS 编制人机交流软件，实现连续精确喂料并监测物料状态；种衣剂供给由变频器控制计量泵从贮药桶精确取液，由液体检测器监测工作中药液的有无；具有种子和种衣剂混配系统、回转清淤机构和搅拌推送系统，实现了对种子与药剂的同步供给和精确控制、各部分有序组合与协调作业、作业质量及安全保护、参数的优化匹配与在线修改等功能。

（2）甩盘雾化式

甩盘雾化式种子包衣机起主要作用的是结构内部的离心甩盘机构。作业时，采用高速旋转的甩盘使药液撞击空气形成雾状，均匀雾化在经过离心甩盘四周下落的种子上，一起进入滚筒，并利用滚筒和种子滚动的相互摩擦来完成种子的拌药和包衣过程。其特点是药液不是直接压缩喷雾到滚筒上，而是经分散盘分散的方式缓缓地喷到种子上进行包衣，避免污染环境。如 BGF-5 型种子包衣机，在包衣作业时，精选种子进入接料口，当达到预定量时翻斗倒向一侧，种子进入料箱并继续下落。同时，经药泵输入药箱的药液，通过翻斗连杆上的可调式无级计量药勺，按预定量倒入进药口，经输液管进入离心甩盘形成雾状，均匀雾化在同步经过离心甩盘四周下落的种子上，然后一起进入滚筒完成包衣。

（3）旋转式

旋转式种子包衣机最主要的装置是药液甩盘和种子甩盘。作业时，在离心力和底部鼓风气流的作用下，种子在混合桶内呈悬浮旋转运动，同时药液也在离心力的作用下，形成超细的雾化，均匀地包裹在种子表面，完成种子包衣过程。该类型包衣机是一种连续分批式种子包衣机，与传统包衣机相比，其特点是不仅保留了原有的药液雾化装置（药液甩盘），而且种子也单独配备一个大甩盘（种子甩盘），既可以进行普通包膜处理，也可以进行丸粒化加工。如 BY2150A 型种子包衣机，在包衣作业时，底部鼓风气流与离心力的双重作用下，混合桶内的种子呈悬浮状且做旋转运动，同时药液也在离心力作用下，形成超细的雾化状，均匀包裹在种子表面，既降低了种子被病害侵染次数，又提高了种子质量。

- **工具准备**

种子包衣机、量筒、橡皮手套、药桶、口罩。

- **材料准备**

草种子、包衣剂。

- **人员准备**

任务分工

任务角色	任务内容
组长：	组织讨论，查阅资料，确定工作内容，分配工作任务
组员 1：	参与讨论，咨询专业人员、查询相关资料确定包衣方式
组员 2：	参与讨论，咨询专业人员，查阅常用包衣设备资料
组员 3：	参与讨论，咨询专业人员，熟悉常用包衣机烘干操作
组员 4：	参与讨论，按照专业人员指导，观摩并使用常用包衣设备对草种子进行包衣处理

任务实施

步骤一：了解种子的特性，根据包衣目的确定包衣方法如种子包膜、种子丸化，确定种衣剂成分，安全有效制作种衣剂或采购针对性的种衣剂。

步骤二：清除包衣机内杂物，试运转包衣机。

步骤三：包衣拌种，做好安全防护，确保安全操作。

步骤四：安全贮存、保管种衣剂和包衣种子。

任务检测

请扫码答题。

任务评价

工作活动完成过程评价

班级：__________　　组别：__________　　姓名：__________

项目	评分标准	自我评价	小组评价	教师评价
成膜机、丸化机识别与使用（30分）	成膜机识别（10分）			
	丸化机识别（10分）			
	成膜机、丸化机使用（10分）			

（续表）

项目	评分标准	自我评价	小组评价	教师评价
草种子包衣（30分）	包衣方式选择合理（10分）			
	包衣机使用正确（10分）			
	安全防护规范（10分）			
活动完成过程（30分）	能够根据工作任务资料分析并制订工作计划（5分）			
	认真思考，积极动手、动脑（5分）			
	积极参与小组合作与交流，配合默契，互帮互助（5分）			
	通过小组讨论与再学习完成工作任务（5分）			
	具有认真严谨的科学态度（10分）			
活动效果（10分）	整体的效果（很好为10分；较好为7～9分；一般为3～6分；较差为0～2分）			
合计				
自我评价与总结				
教师点评				

任务五　草种子包装

任务导入

收获的草种子，经过清选、干燥处理，达到品质优良，经过检验分级即可加以合理包装，可防止种子混杂、病虫害感染、吸湿回潮、种子劣变，保持种子旺盛活力，提高种子商品特性，保证种子安全贮藏运输且便于销售。因此，草种子包装的作用不容小觑，在此过程中要做到认真负责、精益求精，提高岗位能力。

任务准备

• 知识准备

包装对于种子的贮藏至关重要，在关键时刻可以起到决定性的作用。如果操作错误，就会产生一些麻烦，会增加虫害发生的概率，导致种子的质量受到损害，使草农业收益受到严重的影响。所以，应当采取有效合理的技术手段，确保草种子的质量和种植的收益。

1. 种子包装的意义和要求

（1）种子包装的意义

经合理包装的草种子，不仅可保证种子的安全贮藏和运输，而且可提高种子的商品特性且便于销售。

（2）做好种子包装工作的要求

①防湿。包装的种子必须达到包装所要求的种子含水量和净度等标准，确保种子在包装容器内，在贮藏和运输过程中不变质，保持原有质量和活力。

②包装容器必须具备防湿、清洁、无毒、不易破裂、重量轻等特点。种子是一个活的生物有机体，如不防湿包装，在高温条件下种子会吸湿回潮；有毒气体会伤害种子，而导致种子丧失生活力。

③按不同要求确定包装数量。应按不同种类、苗床或大田播种量，不同生产面积等因素，确定适合包装数量，以利使用或方便销售。

④保存期限。保存时间长，则要求包装种子水分更低、包装材料好。

⑤包装种子贮藏条件。在低湿干燥气候地区，则包装条件要求较低；而在潮湿温暖地区，则要求严格。

⑥包装容器外面应加印或粘贴标签纸。写明草种类和品种名称、采种年月、种子质量指标等信息资料及高产栽培技术要点等，并最好绘上醒目的种子图案，以利于良种能得到充分利用和销售。

2. 包装材料的种类和特性及选择

（1）包装材料的种类和性质

目前应用比较普遍的包装材料主要有麻袋、多层纸袋、金属罐、聚乙烯铝箔复合袋及聚乙烯袋等。

麻袋磨损强度好，但易于透湿，防湿、防虫和防鼠性能差。

金属罐磨损强度高，透湿率低，防湿、防光、防水淹、防有害烟气、防虫、防鼠性能好，并适于高速自动包装和封口，是最适合的种子包装容器。

聚乙烯铝箔复合袋磨损强度适当，透湿率极低，也是最适合的防湿袋材料。该复合袋由数层组成。因为铝箔有微小孔隙，最内及最外层为聚乙烯薄膜则有充分的防湿效果。一般认为，用这种袋装种子，1 年内种子含水量不会发生变化。

聚乙烯和聚氯乙烯等为多孔型塑料，不能完全防湿。用这种材料所制成的袋和容器，密封在里面的干燥种子会慢慢地吸湿，因此其厚度在 0.1 mm 以上是必要的。但这种防湿包装只有 1 年左右的有效期。聚乙烯薄膜是用途最广的热塑性薄膜。通常可分为低密度型（0.914～0.925 g/cm³）、中密度型（0.93～0.94 g/cm³）和高密度型（0.95～0.96 g/cm³）。这 3 种聚乙烯薄膜均为微孔材料，对水汽和其他气体的通透性因密度不同而异。

铝箔同聚乙烯薄膜复合制品防湿和磨损强度更好，可较好适用于种子包装。如铝箔 / 玻璃纸 / 铝箔 / 热封漆；铝箔 / 砂纸 / 聚乙烯薄膜；牛皮纸 / 聚乙烯薄膜 / 铝箔 / 聚乙烯薄膜。

纸袋多用漂白亚硫酸盐纸或牛皮纸制皮，其表面覆上一层洁白陶土以便印刷。许多纸质种子袋系多层结构，由几层光滑纸或皱纹纸制成。多层纸袋因用途不同而有不同结构。普通多层纸袋的抗破力差，防湿、防虫、防鼠性能差，在非常干燥时会干化，易破损，不能保护种子生活力。纸板盒和纸板罐（筒）也广泛用于种子包装。多层牛皮纸能保护种子的大多数物理品质，并对自动包装和封口设备很适合。

（2）包装材料和容器的选择

不同包装材料对种子的影响不同。包装容器要按种子种类、种子特性、种子水分、保存期限、贮藏条件、种子用途和运输距离及地区等因素来选择。

多孔纸袋或针织袋一般要求通气性好的种子种类，或数量大，贮存在干燥低温场所，保存期限短的批发种子的包装。

小纸袋、聚乙烯袋、铝箔复合袋、铁皮罐等通常用于零售种子的包装。钢皮罐、铝盒、塑料瓶、玻璃瓶和聚乙烯铝箔复合袋等容器可用于价高或少量种子长期保存或品种资源保存的包装。

在高温高湿的热带和亚热带地区的种子包装应尽量选择严密防湿的包装容器，并且将种子干燥至临界水分含量，封入防湿容器以防种子生活力丧失。

3. 防湿容器包装的种子安全含水量

根据安全包装和贮藏原理，当种子含水量降低至 25% 相对湿度平衡的含水量时，种子寿命可延长，有利于保持种子旺盛的活力。但这种含水量因种子种类不同而有差异。如果不能达到干燥程度，则会加速种子的劣变死亡。因为高水分种子在这种密闭容器里，呼吸作用会很快耗尽氧气而累积二氧化碳，最终导致无氧呼吸而中毒死亡。所以防湿密封包装的种子必须干燥至安全包装的含水量，才能达到保持种子原有活力的效果。

4. 包装标签

国外种子法要求在种子包装容器上必须附有标签。标签上的内容主要包括种子生产公司名称、种子名称、种子质量等级及其标准号、种子净度、发芽率、异种草和杂草种子含量、种子处理方法和种子净重或粒数等信息项目，我国种子工程和种子产业化要求挂牌包装，以加强种子质量管理。种子标签可挂在麻袋上，或贴在金属容器、纸板箱的外面，也可直接印制在塑料袋、铝箔复合袋及金属容器上，图文醒目，以吸引顾客选购。

5. 包装机械

种子定量包装机例如 5ZJ－100 型电子自动计量缝包装置（图 4-5-1）。

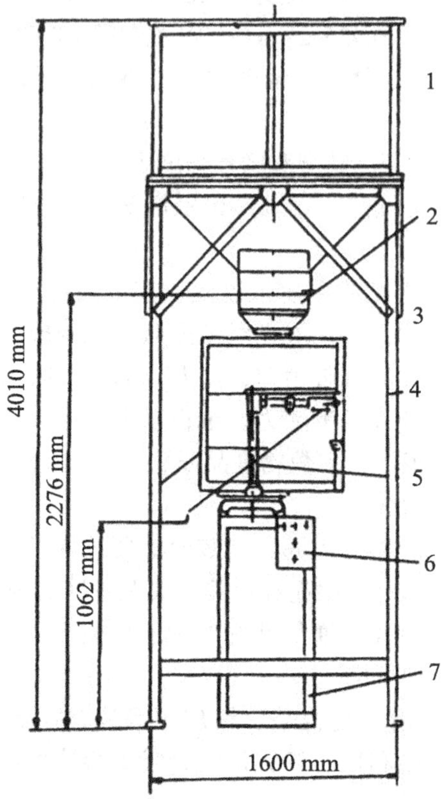

1. 料箱；2. 计量头；3. 料斗；4. 控制合；5. 台秤；6. 控制箱；7. 支架。

图 4-5-1　5ZJ－100 型电子自动计量缝包装置

（1）用途及结构

①用途。5ZJ－100 型电子自动计量缝包装置是一套精度较高的计量缝包装置。

②结构及原理。该装置由计量头、料斗、台秤、支架、限位开关及控制等部分组成。计量头可直接接在料仓上，计量头下面的支架上放有台秤及料斗，限制开关调试后装在秤的固定臂上，不应随意拆装。计量头为控制种子称重时间及重量的执行部件，被称的种子通过计量头进大台秤料斗，当种子达到所需要的重量时，限制开关发出信号，这时计量间滑块做第一次动作。当大量种子进入时，仍有少量种子慢慢流入料斗，直到被称种子达到要求重量，限制开关再次发出信号，计量头滑块第二次动作，种子下落全部停止，计量工作结束。

（2）工作原理和工艺流程

①工艺流程的确定决定了种子计量的准确性及适用范围，该装置采用目前国内外最先进的电子磁力控制装置及计量台秤、缝包机，适应目前种子加工生产的需要。

②机型的选配与设计具有独到之处，采用两级自然跌落分段计量，并可自动控制大小流量与计量台秤，缝包机匹配，工作可靠，性能稳定，操作方便。

③整个装置布局紧凑、合理，解决种子在计量中易破碎的问题，保证了种子质量。

（3）种子定数包装机

先进的种子定数包装机，只要将精选种子放入大漏斗，经定数的光电计数器，流入大包装袋，自动封口，自动移到出口道，由工人装入定制纸箱，就已完成，效率很高。

6. 包装好种子的保存

虽然包装好的种子已具备有一定防湿、防虫或防鼠等特性，但仍然会受到高温和潮湿环境的影响，加速劣变。所以包好的种子仍须存放在防湿、防虫、防鼠、干燥低温的仓库或场所。按种子类型、草种和品种的不同，种子袋分开堆垛。为了便于进行适当通风，种子袋堆垛之间应留有适当的空间。还应做好防火和检查等管理工作，确保已包装种子的安全保存，真正发挥种子包装的优越性。

• 工具准备

种子包装机等。

知识链接 4-5-1

包装材料

• 材料准备

草种子，包装需要的麻袋、多层纸袋、铁皮罐、聚乙烯铝箔复合袋及聚乙烯袋等。

• 人员准备

任务分工

任务角色	任务内容
组长：	组织讨论，根据待包装草种子特性，分析包装方式和包装材料，进行任务分配
组员 1：	参与讨论，咨询专业人员、查询相关资料，结合草种子特性和贮藏环境，确定合适的包装 材料
组员 2：	参与讨论，咨询专业人员、查询相关资料，确定合适的包装方式和准备包装设备
组员 3：	参与讨论，咨询专业人员、查询相关资料，掌握包装设备的使用流程
组员 4：	参与讨论，按照专业人员指导，观摩完成根据讨论结果，对草种子进行包装和贴标签加工

任务实施

步骤一：根据种子特性、贮藏环境等提前准备好包装材料，选择符合包装要求的草种子输送到加料箱。

步骤二：称量或计数。

步骤三：装袋（或容器）、封口（或缝口）、贴（或挂）标签。

步骤四：包装好的种子做好保存管理。

任务检测

请扫码答题。

任务评价

工作活动完成过程评价

班级：__________ 组别：__________ 姓名：__________

项目	评分标准	自我评价	小组评价	教师评价
包装前准备（30分）	包装方式选择合理（10分）			
	包装材料选择合理（10分）			
	包装设备选择合理（10分）			
样品包装（30分）	种子正确处理（10分）			
	包装机械使用规范（10分）			
	样品包装达标（10分）			
活动完成过程（30分）	能够根据工作任务资料分析并制订工作计划（5分）			
	认真思考，积极动手、动脑（5分）			
	积极参与小组合作与交流，配合默契，互帮互助（5分）			
	通过小组讨论与再学习完成工作任务（5分）			
	具有认真严谨的科学态度（10分）			
活动效果（10分）	整体的效果（很好为10分；较好为7～9分；一般为3～6分；较差为0～2分）			

（续表）

<table>
<tr><td>项目</td><td>评分标准</td><td>自我
评价</td><td>小组
评价</td><td>教师
评价</td></tr>
<tr><td colspan="2">合计</td><td></td><td></td><td></td></tr>
<tr><td>自我评价与总结</td><td colspan="4"></td></tr>
<tr><td>教师点评</td><td colspan="4"></td></tr>
</table>

任务六　草种子加工设备使用维护

任务导入

草种子生产 A 公司为满足草种子收获、清选、干燥、包衣、包装等生产加工需要，购买引进了一整套草种子加工设备，为保证加工设备正常运行，定期对加工设备进行维护保养。在草业生产、科学实验中仪器设备起到至关重要的作用，正如在显微镜发明后人类才发现了细胞一样，任何科学研究离不开仪器设备助力，因此，要具有保护仪器设备的责任心。

任务准备

- **知识准备**

1. 种子加工成套设备和种子加工厂概述

种子加工成套设备由不同功能作用的单机按照需求组合起来的加工流水线，能够连续完成种子清选、包衣、计量包装、贴标签等加工流程。种子加工成套设备包括与种子加工要求相适应的加工设备及配套辅助设备。种子加工设备主要包括风筛式清选机、窝眼筒分选机、重力式分选机、包衣机与定量包装机等设备。配套辅助设备包括输送设备、通风除尘设备和电气控制设备。

根据种子加工线规模和设备运行需要而建设的种子加工厂厂房，同种子加工设备一起，构成了种子加工厂。为了满足种子收、贮、保管、销售等需要，种子加工厂还要有库房、检验室和晒场等设施。这些设施可以构成一座完整的种子加工厂。

2. 种子加工厂规模的选择

种子烘干部分加工能力选择，主要应考虑以下几个因素。

（1）种子基地的规模，即在一定范围内种子的繁育面积和产量。当地的气候条件，即从种子收获到入库这段时间里空气的自然温度（同时要把自然降水因素考虑进去）。我国北方各省（区）种子生产基地规模一般为 300～400 hm²，种子收获到入库的时间约 40 d。在这段时间内最低气温不低于 -10℃，据此，应设计和推广年加工量为 1 000 t 和 2 000 t 的种子加工厂。

（2）种子精选部分加工能力，一般要与烘干部分的加工能力相匹配，但因精选的时间限度不够严格，加工时间可以拖长 2～3 个月，在选择加工效率时也可以考虑小的烘干能力。但是，要有较大的中间贮存能力，即中间贮存仓。精选部分的加工能力一般用 t/h 来表示，例如，3 t/h 加工线、5 t/h 加工线、10 t/h 加工线等。目前我国推广应用的种子加工厂，主要有 3 t/h 种子加工线、5 t/h 种子加工线，基本上与烘干部分的 1 000 t/40 d，2 000 t/40 d 相匹配。

3. 工艺流程设计和设备配置要求

种子加工工艺流程设计和设备配置的主要要求包括：

（1）从原料种子接收到成品种子定量包装全过程应连续完成，并实现机械化和自动化。

（2）采用先进技术、先进经验、先进设备，合理加工，保证成品种子质量和清选率要求。

（3）在保证产品种子质量前提下，简化工艺流程，发挥各加工工序的最大效率。

（4）选用符合标准定型的加工设备，降低能耗和加工成本。

（5）工艺流程要有一定适应性、灵活性，能满足原料种子品种和成品种子质量等级变化要求。

（6）确保生产稳定、各工序之间产量平衡，并要考虑加工过程中可能出现的故障，避免全线停机。

（7）使用维修方便。

（8）作业场所、工作地点、职业卫生指标和污染物排放符合环保要求。

4. 加工工序确定及加工设备配置

（1）加工工序

①基本清选。工艺流程的第一道工序，是必备工序，清除轻杂质、大杂质和小杂质。本工序的操作指标应达到或基本达到成品种子净度要求，应选用双吸气道双筛箱风筛式清选机。

②重力分选。一般为第二道工序，是必备工序，清除重杂质、轻杂质。

③去石。为可选工序，清除并肩石，选用重力式去石机。

④长度分选。为可选工序，只用于长粒种子分选，清除长杂质或短杂质。选用窝眼筒分选机或重力谷糙分离机。

⑤形状分选。为可选工序，只用于球形种子或截面呈圆形种子分选，清除异形杂质。选用带式分选机或螺旋分选机。

⑥色选。为可选工序，清除异色杂质。

⑦尺寸分级。为可选工序，用于种子尺寸分级。按种子籽粒长度尺寸分级选用窝眼筒分级机，按宽度、厚度尺寸分级选用平面筛分级机或圆筒筛分级机。

⑧包衣或丸化。为可选工序，用于需要包衣或丸化的种子加工。包衣选用种子包衣机，丸化选用种子制丸机。

⑨定量包装。工艺流程的最后一道工序，是必备工序，用于加工后成品种子定量包装。按种子质量包装选用定量包装机，按种子粒数包装选用装有实时在线数粒仪的定量包装机。

（2）辅助设备选择

配置种子加工成套设备的辅助设备包括输送设备、通风除尘设备和电气控制设备。

①输送设备。包括斗式提升机、自溜管和带式输送机或振动输送机。用于各工序之间种子输送。各种加工设备进料、各类贮仓进料都需要垂直输送，一般选用斗式提升机。

A. 自上而下输送。立体布置或半立体布置成套设备，自上而下输送种子，应选用自溜管。

B. 水平输送。远距离输送种子，某种加工设备进出料需要水平或倾斜输送种子，选用带式输送机或振动输送机。

②通风除尘设备。由吸风罩（口）、风管、除尘器和风机等组成，用于对局部区域产生的粉尘进行控制、输送和收集。

A. 成套设备的斗式提升机、带式输送机或振动输送机的进出料口、各类贮仓的进料口、风选设备的气流方向或出风口，都是粉尘发生源，应安装吸风罩。

B. 使用成套设备的种子加工厂，一般采取二级除尘。一级除尘选用离心除尘器，收集颗粒较大的粉尘；二级除尘选用布袋除尘器或脉冲除尘器。

③电气控制设备。是成套设备机械化、自动化运行的关键设备。应按要求选用或设计电气控制设备且应具备如下功能：

A. 成套设备顺序启动和顺序停机、单机启动和停机、各种贮仓料位控制及设备联锁控制功能。

B. 短路、过载、零电压、欠压及过压的保护功能。

C. 成套设备运行、每台设备启动和停机、各种贮仓上下料位应有指示信号或模拟屏显示功能。

5. 草种子加工成套工艺流程注意事项

（1）调试及使用过程中注意事项

应根据单机的说明书对各单机的性能和使用方法有详细的了解，然后再进行调试。调节各提升机，看减速机是否加有足够的润滑油，提升带与筒壁是否碰撞；调节皮带输送机，看皮带是否松紧、跑偏。

①调节风筛清选机。应根据所选物料选择合适的筛片，取大杂的筛片应能使所需物料通过筛片，取小杂的筛片应能使所需物料无法通过筛片。

②调节比重清选机。常见以下几种情况。

A. 如果重的种子不能流向重种子排种侧，则应通过关小风量分配调风板开口来减小气流量；增大筛床振动频率；减小工作台入口边和好种子出口之间的横向倾斜度。

B. 如果过多的种子流向重种子排出口，应通过开大风量分配舌边开口来增加气流量；减小筛床振动频率；增大工作台入口边和好种子出口之间的横向倾斜度。

C. 如果好种子中有过轻的颗粒，应通过开大调风板开口来增加气流量；减小筛床振动频率；增大工作台入口和好种子出口边之间的横向倾斜度。

D. 如果在轻－重废料区出现好种子，应减小工作台入口边和好种子出口边之间的横向倾斜度；增大侧面排料的挡板开口；增大筛床振动频率；通过关小相应风量分配舌边开口，有选择地减小适当区域的风量。

上述调整内容可选择使用，不必同时调整，在许多情况下，调整其中一项就能够达到满意的效果。在每进行完一项后，应观察几分钟以确定是否起到了预期效果，然后再进行另一项调整。

③调节窝眼机。开动机器使正常工作，调整滚筒转速，达到加工草种子的要求，调节分离槽角度。

④包衣机调试。首先，应根据所包种子的种类，调整输送带上的料层厚度；其次，通过调节计量泵的流量来调节所需配比。

以上各单机调试完成后再开机，开机前各排料口接好麻袋，开机时应按工艺流程的顺序由后往前依次启动机器，启动机器时各个按钮按动应间隔 10s，机器全部启动后，检查物料流向是否符合工艺要求。

若以上各项均无异常，启动电磁给料机进行进料。进料量的大小由磁盘变阻器进行控制。由前往后检查各机组出料口的情况，对风量、角度、频率进行适当的调整，以达到更好的清选效果。电控柜前应有专人值班，以便于及时发现和排除故障。另外，应有一人在各机组前巡视，随时检查清选质量。停机时先停大喂料斗上的电磁给料机，除比重清选机应在筛面上保留一层物料外，其余各机应多运转一段时间，把物料排空，然后按工艺顺序由前往后逐台停机，避免电机负载起动。

（2）更换加工品种注意事项

更换草种前要拆下或取出筛片，重新配制筛片，并对机器进行认真仔细地清理，提升机及料斗也不例外。更换草种后，选种机械的某些参数要做相应的调整。

（3）维修与保养注意事项

每次作业前，应检查各部件紧固螺栓是否松动，转动是否灵活，有无不正常的声音，在排除故障后方可使用。检查三角皮带松紧力，必要时予以松紧调整。对轴承处工作一个季节后，应加一次润滑脂。每次作业结束后进行清扫和检查，及时排除故障。机器进行大修时，须请有一定技术水平的专业人员作指导。机器保养时应放在室内干燥处，切断电源，彻底清扫机器，检查修理，恢复到完好技术状态。

①机械设备要进行调试，检查机械设备运行是否正常，对使用人员要进行专门培训。

②机械设备加工使用中，如更换草种后，按要求机械的某些参数作相应的调整。

③维修与保养时，检查各部件紧固螺栓是否松动，转动是否灵活，有无不正常的声音，在排除故障后方可使用。

知识链接 4-6-1

JB/T 7139—2011《牧草种子加工成套设备　术语

- **工具准备**

收割机、风筛式清选机、窝眼筒分选机、重力式分选机、包衣机与定量包装机等设备。输送设备、通风除尘设备和电气控制设备。

- **材料准备**

草种子、包装材料、检验标签等。

- **人员准备**

任务分工

任务角色	任务内容
组长：	组织讨论，确定草种子加工机械设备维护方案，分配工作任务
组员 1：	参与讨论，收集草种子加工机械仪器设备使用说明，熟悉进行机械仪器设备的结构、运行和日常维护部件保养维护
组员 2：	参与讨论，了解草种子加工机械仪器设备保养维护现状，在专业人员指导下观摩机械仪器设备的检修
组员 3：	参与讨论，进行机械仪器设备的保养维护
组员 4：	参与讨论，填写机械设备检修、维护、保养记录

任务实施

步骤一：查看机械设备使用说明书、使用记录等，全面了解机械设备使用状况。

步骤二：检查机械设备各部件状况。

步骤三：对机械设备排除故障，进行保养维护。

步骤四：填写机械设备维修、维护、保养记录。

任务检测

请扫码答题。

任务评价

工作活动完成过程评价

班级：__________ 组别：__________ 姓名：__________

项目	评分标准	自我评价	小组评价	教师评价
草种子加工机械设备使用（20分）	查看草种子加工机械设备使用说明书及保养维护记录（10分）			
	掌握草种子加工机械设备使用流程（10分）			
草种子加工机械设备调整（10分）	按要求对机械设备使用参数做调整（10分）			
草种子加工机械设备维护（30分）	检查机械设备部件状况（10分）			
	对机械设备排除故障，进行保养维护（10分）			
	填写机械设备维修、维护、保养记录（10分）			
活动完成过程（30分）	能够根据工作任务资料分析并制订工作计划（5分）			
	认真思考，积极动手、动脑（5分）			
	积极参与小组合作与交流，配合默契，互帮互助（5分）			
	通过小组讨论与再学习完成工作任务（5分）			
	具有认真严谨的科学态度（10分）			
活动效果（10分）	整体的效果（很好为10分；较好为7～9分；一般为3～6分；较差为0～2分）			
合计				

（续表）

自我评价与总结	
教师点评	

项目五 草种子质量检验与分级

项目导读

草种子质量检验是指应用科学、先进和标准的方法对种子样品的质量进行正确的分析测定，判断其质量优劣及分级，是评定种子价值的一项科学技术。涵盖草种子扦样、净度分析、发芽试验、水分测定等的相关技能。要求学生熟知草种子检验程序、扦样、净度分析、发芽试验、水分测定、等级评定等的检验规程，准确掌握草种子扦样、净度分析、发芽试验、水分测定、等级评定等的检验方法，为草种子质量检测和分级奠定坚实的基础。

学习目标

• 知识目标

1. 熟悉 GB/T 2930—2017《草种子检验规程》中草种子检验的相关内容。

2. 掌握种子检验质量、种子扦样、净度分析、发芽试验、水分测定、生活力测定相关理论知识。

• 技能目标

1. 能够熟练使用电子天平，准确称量试验样品。

2. 能够依据草种子检验规程准确扦出所需样品数量。

3. 能够准确完成净度分析、发芽试验、水分测定、生活力测定及计算出检验数值。

• 发展目标

培养成为合格的草种子检验员。

• 思政目标

培养学生尊重科学，养成认真严谨的科学态度。

任务一　草种子检验扦样

任务导入

A公司购买了一批草种子，需要对其进行质量检验。按照草种子检验规程，首先要进行扦样，扦样是草种子质量检验的基础，扦样是否正确，样品是否有代表性，直接影响到种子检验结果的正确性。扦样员一定要用科学严谨的态度根据GB/T2930.1《草种子检验规程　扦样》的要求，认真仔细地扦出送检样品。

任务准备

• 知识准备

1. 扦样的目的和原则

（1）扦样的目的和意义

扦样通常是指利用一种专用的扦样器具，从袋装或散装种子批取样的工作。扦样的目的是从一批大量的种子中扦取适当数量的有代表性的送检样品供检验之用。扦样是否正确，样品是否有代表性，直接影响到种子检验结果的正确性。检验结果准确性取决于扦样技术和检验技术，而扦样技术是先决条件，如果扦样未按规程进行，样品没有代表性，那么检验技术无论怎样正确，也难以获得正确的检验结果。错误的检验结果，将给草业生产造成不应有的损失。因此对扦样工作要予以高度重视，必须尽量设法保证送到检验室（站）的样品能准确地代表该批被检验的种子成分，同样在实验室分样时，也要尽可能设法使获得的试验样品能代表送检样品。

（2）种子批

是指同一来源、同一草种或品种、同一年度、同一时期收获和质量基本一致，并在规定数量之内的种子。

（3）样品的定义和组成

①初次样品是指一批种子的某个点，用扦样器或徒手每次扦出来的少量种子。

②混合样品是指从一批种子中所扦出的全部初次样品合并混合而成的样品。

③送检样品是指从混合样品中分取一部分相当数量的种子送至检验室作检验用的样品。

④试验样品简称试样，由送检样品中分出一定量种子，供检验种子品质的个别项目用的样品。

⑤半试样是指将试验样品分减成一半重量的样品。

（4）扦样的原则

扦样的每个步骤都牢牢把握样品的代表性。为此，扦样应遵循如下原则。

①种子批的均匀度。扦样的种子数量是很少的，只有种子批的万分之一，甚至

几万分之一。因此，只有种子质量均匀的种子批，才有可能扦取代表性样品。

②扦样点的均匀分布。考虑到种子批的不同部位，其质量可能存在差异，扦样点应均匀分布在种子批的各个部位，均能扦到各个部位的种子样品。

③各个扦样点扦出种子数量应基本相等。从各个扦样点扦出数量相等的种子样品，那么就能较好代表整个种子批。

④合格扦样员扦样。扦样只能由受过专门扦样训练，具有实践经验的扦样员担任，以确保按照扦样程序，扦取代表性样品。

2. 仪器设备

（1）扦样器

种子扦样器有许多种类，适于袋装种子的扦样器有单管扦样器（图 5-1-1）、双管扦样器（图 5-1-2 ）等；适于散装种子的扦样器除双管扦样器外，还有长柄短筒圆锥形扦样器、圆锥形扦样器、气吸式扦样机等。

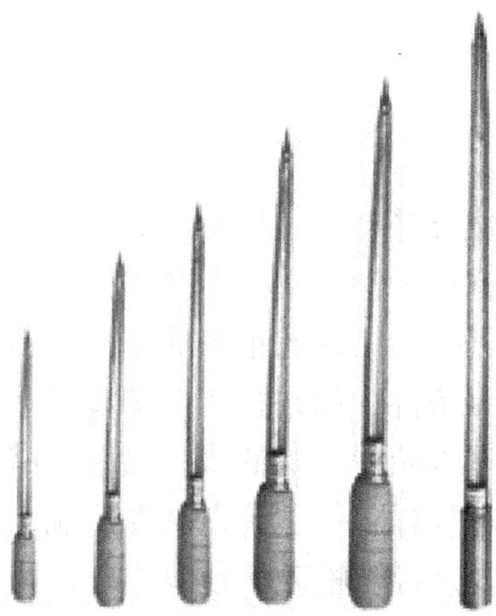

图 5-1-1　单管扦样器

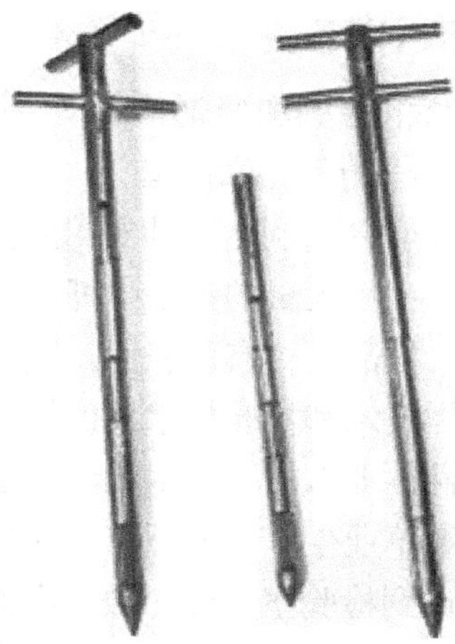

图 5-1-2　双管扦样器

A. 单管扦样器及其使用。单管扦样器也称诺培扦样器，因用于扦取的种子不同有很多型号和规格。其构造和使用方法大致相同。

这种扦样器制有不同的尺寸，以适应各种种子。它是一根有尖头的管，长度足以达到袋的中心。其近尖端处有一个卵圆形孔。诺培扦样器适用于袋装种子扦样，但不适于散装种子扦样。这种扦样器要慢慢插入袋内，尖端朝上，与水平约 30°，洞孔向下，直至到达袋的中心。然后将扦样器旋转 180°，使洞孔朝上，减速抽出，使连续部位得到的种子数量由中心到袋边依次递增。如果采用另一种办法，使扦样器的长度能够插到袋的更远一边，抽出时，应保持相对均匀的速度。当扦样器拔出时，须轻轻振动，以保持种子均匀流动。扦样器内壁愈光滑，则种子流动愈通畅。

在袋的上、中、下各部位扦取样品应有所不同。从直立的袋下部扦样，也可把袋从地板上提起，放在其他袋上进行。

B. 双管扦样器及其使用。双管扦样器是最常用工具之一。其构造是一个空心的铜管紧密套合在一个具有实心尖头的外管之中。内外套管的管壁均开有狭长小孔。

因此，当内管旋转到小孔与外管小孔成一线时，种子便流入内管的孔内。当内管旋转半周，孔口即关闭。管的长度和直径根据种子种类及容器大小有多种设计，并制成有隔板及无隔板的两种。

在袋装种子扦样时，这种扦样器可以垂直或水平使用，但垂直使用时，这种扦样器必须有隔板把它分成几个室。否则扦样器开启时，种子将由上层落入扦样器而使这些层的种子过多。当垂直使用双管扦样器，由顶到底扦取种子时，难免有一定阻力。在制造扦样器时，尽可能光滑而少棱角，这种阻力就可减少。

无论垂直或水平使用，必须将扦样器对角插入袋内或容器中。

在散装种子扦样时，双管扦样器的构造原理与袋装双管扦样器相同，但要大得多，扦样时以关闭状态插入种子堆，旋转内管，使内外开口相合，打开孔口，种子即落入小室内，并作上下微微振动，使小室内充满种子，然后旋转内管，关闭小室，抽出扦样器。这种扦样器的优点是一次扦样可从各层分级取得样品，可以垂直及水平两方向来扦取样品。

C. 长柄短筒圆锥形扦样器及其使用。这是我国最常用的散装扦样器。它用铁质制成，分长柄与扦样筒两部分，长柄有实心和空心两种，扦样筒由圆锥体、套筒、进谷门、活动塞、定位鞘等部分构成，使用前先要刷干净，旋紧螺丝，再以30° 的斜度插入种子堆内，到达一定深度后，用力向上一拉，使活动塞离开进谷门，略微振动，使种子掉入，然后抽出扦样器。这种扦样器的优点是扦头小，容易插入，省力，同时因柄长，可扦取深层的种子。

D. 圆锥形扦样器及其使用。该扦样器专供种子柜、汽车或车厢中散装种子的扦样。这种扦样器用金属制成，由两个主要部分组成：即活动铁轴（手柄）和一个下端尖锐的倒圆锥形的套筒组成，使用时将扦样器垂直或略微倾斜地插入种子堆中，压紧铁轴，使套筒盖盖住套筒，达到一定深度后，拉上铁轴，使套筒盖升起，此时略微振动一下，使种子掉入套筒内，然后抽出扦样器。这种扦样器的优点是每次扦样数量比较多。

E. 气吸式扦样机。气吸式扦样机主要由扦样管、真空泵和连接蛇管等部分组成。扦样时，接上电源，开动真空泵，在该系统产生负压，吸入种子进入扦样管，经过蛇管和曲管，进入低压旋风室，落入下部样品收集室，然后关上电源，停止真空，打开下部活门，就可接收扦取的部分样品。

（2）分样器

目前国内外通常使用的分样器有横格分样器、离心分样器和圆锥形分样器等。为适应不同种类分样的要求，每种分样器都有多种规格和型号。

在种子检验上，对分样器的要求是分样要均等，各种成分的分配要均匀，分样时种子流畅，并且不窝藏种子，容易清理，各种结构如开关灵活等。

①横格分样器。横格分样器也称为土壤分样器，也是目前世界上广泛应用的分样器（图 5-1-3）。可用铁皮或铝皮制成。顶部为一长方形的漏斗，下面为 12～18 个排列成一行的长方形格子和凹槽，其中有一半格子和凹槽相间隔地通向一个方向，另一半格子和凹槽通向相反的方向。漏斗下面有个支架，每组凹槽下面各有盛

接器。此外还有一个倾倒盘，其长度与漏斗长度相同。分样时先将种子均匀地散播在倾倒盘内，然后将倾倒盘内的种子沿着漏斗长度等速地倒入漏斗内，此时种子便经过两组格子沿着漏斗长度等速地倒入漏斗内，此时种子便经过两组格子和凹槽分别流入两个盛接器内，将种子分成相等的两部分，直到分到所需种子数量为止。

图 5-1-3 横格分样器

图 5-1-4 离心分样器

图 5-1-5 圆锥形分样器

②离心分样器。离心分样器也称为精密分样器，原理是应用离心力混合撒布种子在分离面上（图 5-1-4）。在此分样器中，种子向下流动，经过漏斗到达浅橡皮杯或旋转器内。由马达带动旋转器，种子即被离心力抛出落下。种子落下的圆周或面积由固定的隔板分成相等两部分，因此大约一半种子流到一出口，其余一半流到另一出口。

离心分样器若不细心操作，容易使结果发生差异。

A. 仪器准备。第一，调节分样器的脚，使之达到水平；第二，检查分样器和容器保持清洁 。

B. 样品混合。第一，每一出口处放一容器；第二，全部样品倒入漏斗，种子必须始终处于中心；第三，启动旋转器，使种子流入容器；第四，取装满的容器换上空容器，两个容器内装满的种子一起倒入漏斗，使种子流入时可以混合，再扭转旋转器；第五，以上第四所述程序至少重复一次；第六，取出装满种子的容器换上空容器，将一个装满种子的容器搁置不用，将另一个容器内的种子倒入漏斗，然后启动旋转器；第七，这个程序重复进行，直到试验样品达到适当数量为止。

③圆锥形分样器。圆锥形分样器也叫钟鼎式分样器（图 5-1-5），是由铜皮或铁皮制成，顶部为漏斗，下面为活门，其下为一圆锥体，圆锥体顶尖正对活门的中心。圆锥体底部四周均匀地分为若干个等格，其中相间的一半格子，下面各设有小槽，所分样品经小槽流入内层，经小口流入盛接器，另外相间的一半格也各有一小槽，样品经小槽流入外层，进入大口到另一个盛接器。分样时将分样器刷净，活门关好，样品放入漏斗铺平，出口处对正盛接器，用手很快拨开漏斗下面的活门，使样品迅速下落，经圆锥体平均分散落入各格内，最后落入盛样器内，则将种子分成 2 份，分样次数视需要样品多少而定，分好后，及时清理干净。

3. 扦样的方法

（1）袋装种子扦样法

①扦样袋数。按 GB/T 2930.1《草种子检验规程　扦样》中规定的袋装扦样袋（容器）数扦取。

②设置扦样点。在收购、调运、加工、装卸扦样时可每隔一定袋数设置扦样点。在种子仓储堆垛的情况下，扦样点应均匀分布于堆垛的上、中、下各个部分。

③扦取初次样品。根据种子的大小、形状，选用不同的袋装扦样器。中、小粒种子，选用单管扦样器，自袋口一角向斜对角插入，插入时扦样器凹槽向下，至扦样器全部插入后将凹槽向上，然后抽出插样器，并将麻袋扦孔拨好，从扦样器的手柄出口孔流出种子。大粒种子可拆开袋口一角，用双管扦样器扦样。插入前关闭孔口，插入时孔口朝上，插入后旋转外管打开孔口，种子即落入孔内，再关闭孔口，抽出袋外，缝好麻袋拆口。倒包扦样时，下垫一块清洁的塑料纸或布，拆开袋口缝线，用两手掀起袋底两角，袋身倾斜 45°，徐徐后退 1 m，将种子全部倒在清洁的布或塑料纸上，保持原来层次，然后分上、中、下不同位置，徒手取出初次样品。

（2）散装种子扦样法

①确定扦样点数。根据种子批散装的数量，确定扦样点数。

②设点。在划分好种子批内进行设点。一般扦样点要均匀分布在散装种子批表面，四角各点要距仓壁 50 cm。

③按堆高分层。种子堆高不足 2 m 时，分上、下两层。堆高 2～3 m 时分上、中、下 3 层。上层在距顶部以下 10～20 cm 处，中层在种子堆中心，下层距底部 5～10 cm 处。堆高 3 m 以上再加一层。

④扦取初次样品。初次样品的数量根据散装种子批的数量而定。用散装扦样器，根据扦样点位置，按一定扦样次序扦样，先扦上层，再扦中层，最后扦下层，以免搅乱层次而失去代表性。

（3）圆仓（或围囤）扦样法

圆仓或围囤的面积较小，不必分区，只需设扦样点，并按其直径，分别在内、中、外设点。内点在圆仓中心，中点在圆仓半径的 1/2 处，外点距圆仓边缘 30 cm 处。扦样时在圆仓的一条直径线上，按上述部位设立内、中、外 3 个点；再在此直径垂直的一条线上，按上述部位设 2 个中点，共设 5 个点，圆仓或围囤直径超过 7 m，则再增加 2 个点。其划分层次和扦样方法与散装扦样方法相同。

（4）输送流扦样法

在机械化仓库进行扦样时，可在种子进仓或出仓时扦取。当种子进行机械加工、精选、烘干处理过程中，最好在种子处理完毕流出机械时扦样。根据一批种子数量及输送速度定时定量扦取。用取样勺从输送流的两侧或中间依次截取，扦取初次样品的数目与散装扦样法相同。

（5）袋装种子扦样和散装种子扦样注意事项

①扦样前了解草种子状况。为了正确扦样，在扦样前必须向有关人员了解该种

子的来源、产地、草种或品种名称、种子数量以及贮藏期间种子翻晒、虫霉、漏水和发热等情况，以供分批和扦样时参考。

②划分种子批。按种子批的概念，必须同一草种（或品种）且种子质量基本一致，并在规定数量之内的种子，才能划分为一个种子批。规定了种子批的最大种子数量，超过此限，应另划种子批。分别从每批扦取送检样品。

知识链接 5-1-1

GB 6141—2008《豆科草种子质量分级》

知识链接 5-1-2

GB 6142—2008《禾本科草种子质量分级》

知识链接 5-1-3

《草种子检验规程 扦样》GB/T 2930.1—2017

- **工具准备**

扦样需要的不同扦样器、样品袋（盒）、分样器、分样盘等。

- **材料准备**

扦样需要的袋装种子、散装种子、检验单据等。

- **人员准备**

任务分工

任务角色	任务内容
组长：	确定工作内容，分配工作任务，完成扦样任务
组员 1：	参与讨论，咨询专业人员，查询相关资料，确定正确的扦样方法
组员 2：	参与讨论，根据讨论结果进行正确扦样，扦出初次样品
组员 3：	参与讨论，根据讨论结果完成混合样品扦取
组员 4：	参与讨论，根据讨论结果完成送检样品扦取

任务实施

步骤一：扦样器和分样器的选择。根据不同草种子类型以及包装形式，选择适宜的扦样器和分样器。

步骤二：袋装种子扦样法。根据 GB/T 2930.1《草种子检验规程　扦样》完成扦样任务。

①扦样袋数。

②设置扦样点。

③扦取初次样品。

步骤三：散装种子扦样法。根据 GB/T 2930.1《草种子检验规程　扦样》完成扦样任务。

①确定扦样点数。

②设点。

③按堆高分层。

④扦取初次样品。

任务检测

请扫码答题。

任务评价

工作活动完成过程评价

班级：__________　　组别：__________　　姓名：__________

项目	评分标准	自我评价	小组评价	教师评价
扦样器、分样器识别与使用（30 分）	扦样器识别（10 分）			
	分样器识别（10 分）			
	扦样器、分样器使用（10 分）			
扦取样品（30 分）	扦样点设置合理（10 分）			
	袋装种子批扦样正确（10 分）			
	散装种子批扦样正确（10 分）			

（续表）

项目	评分标准	自我评价	小组评价	教师评价
活动完成过程（30分）	能够根据工作任务资料分析并制订工作计划（5分）			
	认真思考，积极动手、动脑（5分）			
	积极参与小组合作与交流，配合默契，互帮互助（5分）			
	通过小组讨论与再学习完成工作任务（5分）			
	具有认真严谨的科学态度（10分）			
活动效果（10分）	整体的效果（很好为10分；较好为7～9分；一般为3～6分；较差为0～2分）			
合计				
自我评价与总结				
教师点评				

任务二　草种子纯净度分析

任务导入

检验中心检验员对A公司符合草种子检验规程的送检样品进行纯净度分析，通过草种子纯净度分析，从净种子百分率了解种子批的利用价值及其他植物种子的种类和含量，决定种子批的取舍和危害，确保用于草地恢复、草地改良、人工草地建植等建设中草种子的安全，树立正确的生态文明建设思想。因此，检验员要夯实专业知识和技能，树立起严谨的科学态度，根据 GB/T 2930.2《草种子检验规程　纯净度分析》和 GB/T2930.3《草种子检验规程 其他植物种子数测定》规范操作，结果准确。

任务准备

• 知识准备

1. 纯净度分析的目的和意义

（1）纯净度分析的目的

测定供检样品不同成分的重量百分率和样品混合物特性，并据此推测种子批的组成。

为了便于操作，合并其他植物种子数目测定和纯净度分析，主要测定种子批中是否含有毒或有害种子，用供检样品中所含的其他植物种子数目表示。

（2）纯净度分析的意义

纯净度分析时将试验样品分为净种子、其他植物种子和杂质 3 种成分，并测定其百分率，同时测定其他植物种子的种类及含量。这就可从纯净种子百分率了解种子批的利用价值；从其他植物种子的种类和含量，决定种子批的取舍和危害。因为其他植物种子混入会影响机械收获、产量和产品质量；许多有害或有毒杂草含有毒物质，会造成人畜中毒。从杂质种类和含量看，可为进一步清选、加工提供依据，确保种子安全贮藏，提高种子利用率，所以说，纯净度分析是种子检验的重要项目之一，对现代种子制种有着重要的意义。

2. 净种子、其他植物种子和杂质区分

（1）净种子

下列构造凡能明确地鉴别出它们是属于所分析的种（已变成菌核、黑穗病孢子团或线虫瘿的除外），即使是未成熟的、瘦小的、皱缩的、带病的或发过芽的种子都应作为净种子。

①完整的种子单位。在禾本科牧草中，种子单位如果是小花，须带有一个明显含有胚乳的颖果或裸粒颖果（缺乏内外稃）。

②大于原来大小一半的破损种子单位 。

（2）其他植物种子

除甜菜属种子单位作为其他植物种子时不必筛选，可用遗传单胚的净种子定义外，其他鉴定原则与净种子相同。

（3）杂质

①明显不含真种子的种子单位。

②复胚种子单位大小未达到净种子定义规定最低大小的。

③破裂或受损伤种子单位的碎片为原来大小的一半或不及一半的。

④按该种的净种子定义，不将这些附属物作为净种子部分或定义中尚未提及的附属物。

⑤种皮完全脱落的豆科、十字花科的种子。

⑥脆而易碎、呈灰白色、乳白色的菟丝子种子。

⑦脱落下的不育小花、空的颖片、内外稃、稃壳、茎叶、球果、鳞片、果翅、树皮碎片、花、线虫瘿、真菌体（如麦角、菌核、黑穗病孢子团）、泥土、砂粒、石砾及所有其他非种子物质。

3. 电子天平的使用方法

（1）调水平。天平开机前，应观察天平后部水平仪内的水泡是否位于圆环的中央，否则通过天平的地脚螺栓调节，左旋升高，右旋下降。

（2）预热。天平在初次接通电源或长时间断电后开机时，至少需要 30 min 的预热时间。因此，实验室电子天平在通常情况下，不要经常切断电源。

（3）称量。按下 ON/OFF 键，接通显示器，等待仪器自检；当显示器显示零时，自检过程结束，天平可进行称量；放置称量纸，按显示屏两侧的 Tare 键去皮，待显示器显示零时，在称量纸加所要称量的试剂称量；称量完毕，按 ON/OFF 键，关断显示器。

4. 纯净度分析步骤

（1）重型混杂物检查

颗粒与供检种子在大小或重量上明显不同且严重影响结果的混杂物为重型混杂物，如土块、石块或小粒种子中混有大粒种子等。因此，在纯净度分析时，要检查送检样品中有无混有重型混杂物。如果存在，就应拣出这类物质（称重），并从中分出其他植物种子和杂质且分别称重、记录，以便最后换算时用。

（2）试验样品的分取和称重

①试样重量。纯净度分析时试样重量太小会缺乏代表性，太大则分析费时。经试验确定为大约 2 500 粒种子（折成重量）即具代表性，因而每种作物都有规定的试样最低重量。

②试样分取。从送检样品中用分样器或分样板分取规定重量的试样两份或规定重量一半的试样（称半试样）两份。第一份试样取出后，将所有剩下部分重新混匀再分取第二份试样。

③试样称重。当试样分至接近规定的最低重量时即可称重。试样称重的精确度（小数保留位数）因试样重量而异。

（3）试验样品的鉴定、分析和分离

为了更好地将净种子与其他成分分开，借助筛子过筛是必要的。一般选用筛孔适宜的筛子两层。上层为大孔筛，筛孔大于分析的种子，用于分离较大成分；下层为小孔筛，筛孔小于分析的种子，用于分离细小物质。过筛时在小孔筛下面套一筛底，上套大孔筛，将试样倒入其中，再加筛盖。最好置于电动筛选机上筛动 2 min，落入筛底的有泥土、砂粒、碎屑及细小的其他植物种子等；留在上层筛内的有茎、叶、稃壳及较大的其他植物种子等；大部分试样则留在小孔筛中，它包括净种子和大小类似的其他成分。

过筛后，对各层筛上物分别进行分析。一般要在玻璃面的纯净度分析桌或桥式纯净度分析台上进行。最好配有反光镜、放大镜，以便检查空壳、瘪种子、异种子和废种子。

分析时将样品倒在分析桌（或台）上，利用镊子或小刮板按顺序逐粒观察鉴定，将净种子、其他植物种子、杂质分开，并分别放入相应的容器或小盘内。

当分析荚果、瘦果、荚果片等果实和种子时（禾本科除外），只从表面加以检查。可以挤压、放大观察、使用透视仪或其他特殊仪器。经过这样检查发现其中明显无种子的，则将其列入杂质。

净种子定义中所提及的种子单位，如没有损伤到种皮或果皮，则不管饱满度如何均作为净种子（或其他植物种子）。如种皮或果皮有一裂口时，必须判断留下部分是否超过原来大小的一半，超过一半者可归为净种子（或其他植物种子）。如不能迅速作出这种判断，则将其列为净种子（或其他植物种子），没有必要将每粒种子翻过来观察其下面是否有洞或其他损伤。

草地早熟禾与鸭茅必须采用均匀吹风法进行分析。试样经吹风 3 min 后分别鉴定其轻的部分和重的部分。

（4）结果计算和表示

①称重计算。试样分析结束后将每份试样（或半试样）的净种子、其他植物种子和杂质分别称重。称量的精确度与试样称重时相同。然后将每份试样各成分的重量相加，并计算各成分所占百分率。百分率的计算应以分析后各成分的重量之和为基数，而不用试样原来的重量。各成分重量总和应与原试样重量进行比较，核对在分析过程中重量有无增减或其他差错。如果两者之间重量差异超过原试样重的 5%，表明可能有差错，必须重新分析，并取用重新分析的结果。

②两份半试样分析结果计算。根据两份半试样分析结果，分别计算 3 种成分的重量百分率，并求出平均值，按种子有无稃壳，查草种子检验规程，查两份半试样之间容许差距，各相同成分的百分率相差不能超过规定的容许差距。如超过容许范围，则必须重新分析成对试样，直至得到各成分的差距均在容许范围为止，但最多分析不必超过 4 对。

【例】对某一批草种子送检样品进行纯净度分析。

第 1 份半试样原重为 71.320 g，测得净种子 70.710 g，其他植物种子 0.042 g，杂质 0.290 g；三者之和 71.042 g。

第 2 份半试样原重为 70.410g，测得净种子 69.920 g，其他植物种子 0.012 g，杂质 0.291 g，三者之和 70.223 g。

求该批草种子送检样品的纯净度及其他各成分的含量。

A. 检查试样有无增失。

$$\text{I}:\frac{\text{试样重}-\text{各组分之和}}{\text{试样重}}\times 100\%=\frac{71.320-71.042}{71.320}\times 100\%=0.39\%\ (<5\%)$$

Ⅱ：$\frac{\text{试样重}-\text{各组分之和}}{\text{试样重}}\times 100\%=\frac{70.410-70.223}{70.410}\times 100\%=0.26\%$（＜5%）

均＜5% 就可计算各组分的百分率。（GB/T 2930.2《草种子检验规程　纯净度分析》核查分析过程的重量增失）

B. 计算各成分的百分率（P1、OS1、I1）。

a. 净种子（P1）。

Ⅰ：（净种子重 / 三者之和）× 100 ＝（70.710 ÷ 71.042）× 100=99.53%

Ⅱ：（69.920 ÷ 70.223）× 100 ＝ 99.57%

平均数 P1 ＝ 99.55%，实差 0.04＜容许误差 0.68（对照 GB/T 2930.2《草种子检验规程　纯净度分析》表 3）

b. 其他植物种子（OS1）。

Ⅰ：（0.042 ÷ 71.042）× 100 ＝ 0.06%

Ⅱ：（0.012 ÷ 70.223）× 100=0.02%

平均数 OS1 ＝ 0.04%，实差 0.04＜容许误差 0.20（对照 GB/T 2930.2《草种子检验规程　纯净度分析》表 3）

c. 杂质（I1）。

Ⅰ：（0.290 ÷ 71.042）× 100 ＝ 0.41%

Ⅱ：（0.291 ÷ 70.223）× 100 ＝ 0.41%

平均数 I1 ＝ 0.41%，实差 0＜容许误差 0.68（对照 GB/T 2930.2《草种子检验规程　纯净度分析》表 3）

均不超过容许误差。

d. 结果修正。

P1+OS1+I1 ＝ 99.55%+0.04%+0.41%=100%，如果三者相加结果不是 100%，需要修约（依据《GB/T 8170　数值修约规则与极限数值的表示和判定标准修正》)。

C. 分析两份或两份以上试样的结果计算。如果在某种情况下有必要分析第二份试样，那么两份试样各成分的实际差距不得超过容许差距，若所有成分都在容许范围内，则取其平均值；若超过，则再分析一份试样；若分析后的最高值和最低值差异没有大于容许误差两倍时，则填报三者的平均值。如果其中的一次或几次显然是由于差错造成的，那么该结果须去除。

（5）其他植物种子数目测定

①测定方法。根据送检者的不同要求，其他植物种子数目的测定可采用完全检验、有限检验和简化检验。

A. 完全检验。试验样品不得小于 25 000 个种子单位的规定重量。借助于放大镜、筛子和吹风机等器具，按规定逐粒进行分析鉴定，取出试样中所有的其他植物种子，并数出每个种的种子数。当发现有的种子不能准确确定所属种时，允许鉴定到属。

B. 有限检验。有限检验的检验方法同完全检验，但只限于从整个试验样品中找出送验者指定的其他植物的种子。如送验者只要求检验是否存在指定的某些种，则发现 1 粒或数粒种子即可。

C. 简化检验。如果送检者所指定的种难以鉴定，可采用简化检验。简化检验是用规定试验样品重量的 1/5（最少量）对该种进行鉴定。

②结果计算。结果用实际测定试样重量中所发现的种子数表示，但通常折算为样品单位重量（每千克）所含的种子数，以便比较。

其他植物种子含量（粒 /kg）= 其他植物种子数 / 试验样品重量（g）×1000

③核查容许差距。当需要判断同一检验站或不同检验站对同一批种子的两个测定结果之间是否有明显差异时，可查其他植物种子计数的容许差距，先根据两个测定结果计算出平均数，再按平均数从表中找出相应的容许差距。进行比较时，两个样品的重量须大体相等。

（6）结果报告。

纯净度分析的结果应保留 1 位小数，各种成分的百分率总和必须为 100%。成分小于 0.05% 的填报为“微量”，如果一种成分的结果为零须填“0.0”。

当测定某一类杂质或某一种其他植物种子的重量百分率达到或超过 1% 时，该种类应在结果报告单上注明。

进行其他植物种子数目测定时，将测定种子的实际重量、学名和该重量中找到的各个种的种子数应填写在结果报告单上，并注明采用完全检验、有限检验或简化检验。

知识链接 5-2-1

GB/T 2930.2—2017《草种子检验规程 纯净度分析》

- **工具准备**

纯净度分析需要的纯净度分析台、电子天平、称量纸或滤纸、镊子、纸、笔等。

- **材料准备**

需要纯净度分析的种子。

- **人员准备**

任务分工

任务角色	任务内容
组长：	确定工作内容，分配工作任务，完成净度分析任务
组员 1：	参与讨论，咨询专业人员、查询相关资料，确定纯净度分析方法
组员 2：	参与讨论，根据讨论结果进行正确称量纯净度分析样品、准确鉴别分离净种子、其他植物种子及杂质并分别称量
组员 3：	参与讨论，根据讨论结果完成纯净度分析结果计算
组员 4：	参与讨论，根据讨论结果完成纯净度分析结果填报

任务实施

根据 GB/T 2930.2《草种子检验规程　净度分析》和 GB/T 2930.3《草种子检验规程　其他植物种子数测定》实施任务。

步骤一：分析前试样的称量。

①重型混杂物的检查。

②试样的称量。

步骤二：试样的分取。

①试样的分析分离。将试验样品准确分为净种子、其他植物种子和杂质三种成分。

②各种分出成分称量，并正确计算出各成分百分率。

步骤三：结果计算。

任务检测

请扫码答题。

任务评价

工作活动完成过程评价

班级：__________　　组别：__________　　姓名：__________

项目	评分标准	自我评价	小组评价	教师评价
电子天平使用（20 分）	电子天平正确摆放（5 分）			
	电子天平的调平（5 分）			
	使用电子天平正确称量（10 分）			
扦取样品（40 分）	试验样品正确称量（10 分）			
	熟练进行纯净度分析（10 分）			
	正确计算结果（20 分）			

（续表）

项目	评分标准	自我评价	小组评价	教师评价
活动完成过程（30分）	能够根据工作任务资料分析并制订工作计划（5分）			
	认真思考，积极动手、动脑（5分）			
	积极参与小组合作与交流，配合默契，互帮互助（5分）			
	通过小组讨论与再学习完成工作任务（5分）			
	具有认真严谨的科学态度（10分）			
活动效果（10分）	整体的效果（很好为10分；较好为7～9分；一般为3～6分；较差为0～2分）			
合计				
自我评价与总结				
教师点评				

任务三　草种子发芽力测定

任务导入

根据草种子检验程序，检验中心检验员对A公司已经进行完净度分析的种子批样品，依据GB/T 2930.4《草种子检验规程　发芽试验》规范操作，进行种子发芽力测定。通过草种子发芽力测定，在种子经营销售时可正确地进行种子分级定价，确保优质优价，良性竞争；在种子贮藏、调种时保证草种子质量，防止盲目调运发芽力低的种子，造成种子浪费，节约人力和财力，确保播种成功。检验员要以高度的社会责任心，扎实的专业知识和技能，确保检验结果的准确性。

任务准备

• 知识准备

1. 发芽试验的目的和意义

①发芽试验的目的是测定种子批的最大发芽潜力，据此可比较不同种子批的种子质量，估测田间播种价值。

②发芽力的含义和指标。种子发芽力是指种子在适宜的条件下发芽并生长成正常植株的能力。通常用发芽势和发芽率两个指标表示。种子发芽势是指种子发芽初期（规定日期内）正常发芽种子数占供试种子数的百分率。种子发芽势高，则表示种子活性强，发芽整齐出苗一致，增产潜力大。种子发芽率是指在发芽试验终期（规定日期）全部正常发芽种子数占供试种子数的百分率。种子发芽率高，则表示有生活力种子多，播种后出苗数多。

③发芽试验的意义。种子发芽试验对种子经营和生产具有极为重要的意义。种子收购时可正确地进行种子分级定价；种子贮藏期间可掌握贮藏期间种子发芽力的变化情况，以便及时改进贮藏条件，确保种子安全贮藏；调种前可防止盲目调运发芽力低的种子，节约人力和财力；播种前可以选用发芽力高的种子，保证齐苗、壮苗及密度，防止种子浪费，确保播种成功。

发芽试验通常是在实验室条件下进行的。在田间试验无法得到令人满意的结果，其结果没有可靠的重演性。在实验室可控制适宜的发芽条件，使发芽环境最为良好，结果准确可靠。

2. 发芽试验设备和用品

为了取得正确的发芽试验结果，必须选用各种先进和标准的发芽设备。包括发芽箱、发芽室、数种设备、发芽床及发芽容器等，以满足种子发芽的各种条件，保证测得的发芽力正确。

（1）发芽箱和发芽室

发芽箱的作用是提供种子发芽所需温度、湿度或水分、光照等条件，有的具有自动变温的功能。因此，对发芽箱的基本要求是保温良好，光照充足，通气良好，调节简便，控制准确，箱内不同部位温差小。

①电热恒温发芽箱。这是一类目前使用最普遍的发芽箱。如电热恒温箱、电热恒温培养箱、电热恒温两用箱（即发芽和干燥两用箱）等。这类发芽箱主要由保温、加热和控温等功能组成，这也是所有发芽箱都须具备的基本结构。保温部分即为箱身，目前多用具有隔热材料的夹金属皮构成；加热部分多为电热丝；温度控制部分目前多采用电接点水银导电表—继电器进行温度自动调控。此类发芽箱的使用十分方便。只要旋转磁性螺帽，将温度计中的温度指示调节至发芽所需温度即可。

②变温发芽箱。目前我国已开发几种变温发芽箱。它们都有一个保温良好的箱身。箱的下部设有加热系统，箱的上部设有制冷系统。根据发芽技术要求，可以升温、降温或变温。箱身后部装有鼓风机，使箱温保持一致。箱内中间配有数层发芽网架，在箱的内壁装有日光灯，供给发芽的光照。其特点是采用微电脑可自动调节和控制所需变温和光照条件。

③光照发芽箱。这种发芽箱具有加温、供水和光照多种功能。如我国生产的萌芽牌光照发芽箱，其基本结构与国际通用的耶可勃逊发芽装置相同。箱身为一个恒温水槽，其上配有玻璃盖用以保温保湿，在水槽中下部装有一套浸入式电力加热器。恒温控制由水银、温度导电表和继电器来完成。水槽上面设有一块开有 32 个圆孔的金属板，每一孔上可放发芽器。

④人工气候箱。目前我国已设计和生产有几种类型的人工气候箱。这种类型的发芽箱，装备有制冷、加热、加湿、光照和风扇等系统，采用电脑控制技术，具有自动快速变温、变光和调湿功能，能完全满足各种草种子发芽所需的条件，可按种子发芽技术规定，任意设置，并具有自动时差纠正，超欠温报警和延迟启动保护等功能，这是一类较先进的种子发芽箱。

⑤发芽室。目前我国已在上海、山东、浙江、江西等省（直辖市）种子检验室中装备了智能人工气候室。其每间面积 12～15 m^2，墙壁和天花板装上保温隔材料，室内装有冷暖风机、除湿机、通风换气扇、臭氧发生器、紫外消毒灯等设备，并装备有具自动加湿、控温、自动进水系统的种子发芽车。采用电脑控制技术，具有自动控温、变温、控光、变光、自动时差纠正、超温报警、启动延时保护、过载过流、缺相断电保护等功能。并且室内也具有除湿通风、照明，臭氧和紫外消毒等功能。特别是室内配置的发芽车，采用独立的超声波加湿器，能按种子发芽的需要，调节控制适宜的湿度，更适合纸巾卷和开口容器的发芽和幼苗培育，这是目前国内最先进的种子发芽室。

（2）数种设备

目前常用的发芽数种设备有活动数种板、真空数种器和电子自动数粒仪。其中最常用的是活动数种板和真空数种器。

①活动数种板。数种板主要适用大粒种子的数粒和置床工作。它们由两块开孔薄板和框架构成。其中薄板开孔的孔径大小要适于种子的种类。其孔径应能通过 1 粒最大的种子，而小于两粒最小种子直径之和，恰好每孔能通过 1 粒最大的种子，确保数种数目的准确性。一般上板能活动，下板固定。当上板和下板孔洞错开时，种子留在上板上。当拉动上板，把两板孔洞对齐时，则种子落下置床，十分方便。并且其框架大小和数种孔洞分布要与规程和发芽床的大小相配套。

使用时先选择适用的数种板型号，左手拿平数种板，右手将足够多的种子倒在数种板上，稍加提动，使每孔落有种子，然后将数种板稍加倾斜，倒去多余种子，再核查一下，补缺剔多。当每孔恰好 1 粒种子时。移至发芽床上，稍加移动上板，使种子下落在发芽床上，达到数种和置床的目的。

②真空数种器。是世界各国种子实验室广泛应用的数种设备。该机器具有技术

先进、适应性广、噪声低、结构合理、操作方便等特点。根据不同的种子类型选用适合的数种头，调节适合的吸力大小，可以计数大多数草种子，数粒方便、准确和快速，并能直接置床，显著地提高发芽工作效率。

（3）发芽床和发芽容器

①发芽床。发芽床是供给种子发芽水分和支撑幼苗生长的基质。

种子检验规程规定的发芽床主要有纸床、沙床以及土壤床等种类。各种发芽床都应具备保水性好、通气性良、无毒质、无病菌和一定韧性强度的基本要求。

A. 纸床。供作种子发芽试验的纸类主要有专用发芽纸、滤纸等。在发芽试验时纸床的使用方法包括纸上和纸间两种：纸上是将种子放在一层或多层纸上发芽，湿润的纸可放在培养皿内。光照发芽箱内，箱内的相对湿度接近饱和；纸间是将种子放在两层纸中间。用一层纸松松地盖在种子片纸卷，把种子均匀置放在湿润的发芽纸上，再用另一张同样大小的发芽纸覆盖在种子上，然后卷成纸卷，两端用皮筋扣住，竖放。纸间可直接放在保湿的发芽箱盘内。对纸床的具体要求有：

a. 吸水良好。吸水良好的纸，首先是吸水要快（可将纸条下端浸入水中，2 min 内水上升 30 mm 或以上的纸为好），而且持水力也大。发芽试验期间具有足够的保水能力，以保证对种子不断供应水分。

b. 无毒质。纸张必须无酸碱、染料、油墨及其他对发芽有害的化学物质。检查纸张有无毒质的方法是，选用对毒质敏感的草种，如紫羊茅、红顶草等草种子做发芽试验，观察纸张对幼苗发育的伤害情况。凡是胚根生长受抑制，根尖缩短，变色或从纸上翘起，并且根毛成束或胚芽缩短，则表明该纸张有毒性，不宜用作发芽床。纸张的 pH 值应在 6.0～7.5 范围内。

c. 无病菌。因为纸上带有真菌或细菌会导致发芽试验因病菌滋生而影响种子发芽。因此，所用纸张必须清洁干净，无病菌污染。

d. 纸质韧性好。纸张应具有多孔性和通气性，且应具有一定的韧性强度，以免吸水时糊化和破碎，并在操作时不会撕破和发芽时种子幼根不致穿入纸内，以便对幼根的正常生长做出正确的鉴定。

B. 沙床。应取用无任何化学药物污染的细沙或清水沙为材料。使用时，先将沙调到适宜水分，以捏沙成团、松手散开的状态为适宜沙床。沙床的具体使用方法包括沙上和沙中。沙上：种子压入沙的表面，适用于小粒种子。沙中：种子播在一层平整的湿沙上，然后根据种子大小加盖 10～20 mm 厚度的松散湿沙，适用大中粒种子。

a. 洗涤。拣去较大的石子和杂物后用清水洗涤，以除去污染和有毒物质。

b. 消毒。将洗过的湿沙放在铁盘内摊薄，在高温（约 130℃）下烘干约 2 h，以杀死病菌和沙内的其他种子。

c. 过筛。取孔径为 0.8 mm 和 0.05 mm 的圆孔筛两个，将烘干的沙粒过筛，取出二层筛之间的沙粒，即直径为 0.05 mm～0.8 mm 的沙粒作为发芽床。这种大小的沙粒既具有足够的持水力，又能保持一定的孔隙，以利通气。沙的 pH 值应在 6.0～7.5 范围内。为了检查沙床是否含有毒质，也可采用纸床毒质检查方法进行测定。

C. 土壤床。如有特殊需要，可用土壤作为发芽床。其土质必须良好不结块，并无大的颗粒，如土质黏重应加入适量的沙。土壤中应基本上不含混入的种子、细菌、真菌、线虫或有毒物质。使用前应高温消毒，使用时先调节到适宜水分，然后播种种子，并覆土。

②发芽容器。要求发芽容器透明、保湿、无毒，具有一定的种子发芽和发育的空间，确保一定的氧气供应。发芽容器根据上述的要求，我国已引进并研制成系列透明塑料发芽盒，可适用各类不同大小种子发芽需要。其中方形透明塑料盒（12 cm × 12 cm × 5 cm）适用于纸床。进行小粒和中粒 100 粒重复的发芽试验；另一种长方形透明塑料盒（18 cm × 13 cm × 9 cm）适用于沙床大粒种子 50 粒重复的发芽试验。其他几种组合发芽盒同样适用于各种种子的发芽，并配有高盖，可满足 10～16cm 高幼苗的培养。

（4）草种子发芽力测定注意事项

①光照培养箱要放置在阴凉、干燥、通风良好、远离热源和日晒的地方。放置平稳，以防震动发生噪声，外壳应可靠接地。

②设备在搬运、维修、保养时，应避免碰撞、摇晃震动，最大倾斜度小于 45°。

③根据发芽设备“使用说明”准确设定温度、湿度、光照时间等。

④当设备在停止使用时，应拔掉电源插头。

⑤为了保持设备的美观，不使用酸或碱及其他腐蚀性物品来擦表面，箱内可以用干布定期擦干。

3. 方法步骤

（1）选用发芽床和调节适合湿度

选用最适合的发芽床。一般非休眠种子可用纸上或纸间，但活力较低的种子，以用砂作发芽床的效果为好。在选好发芽床后，按不同种类种子和发芽床的特性，调节到其适合湿度。

（2）置床前破除休眠处理

用不同方法对有休眠的种子，预先进行破除休眠处理，然后数种置床发芽。

（3）数取试样和置床及粘放标签

①试样的来源和数量。从经充分混合的净种子中，用数种设备或手工随机数取 400 粒。通常以 100 粒为一次重复，大粒种子或带有病原菌的种子，可以再分为 50 粒，甚至 25 粒为一重复。复胚种子可视为单粒种子进行试验，一般不需弄破（分开）。

②置床的要求和方法。置床的要求是种子试样均匀分布在发芽床上，每粒种子之间留有足够的间距，以防止发霉种子的互相感染和保持足够的生长空间，且每粒种子应良好接触水分，使发芽一致。置床方法最好采用适合的活动数种板和真空数种器，以提高功效和满足发芽要求。

③粘放标签。在发芽皿或其他容器底盘的外侧面贴上标签，注明置床日期、样品编号、品种名称及重复次数等，然后盖好容器盖子或套一薄膜塑料袋。

（4）置床后破除休眠处理

有些草种子，置床后需进行破除休眠处理，然后移至规定条件发芽培养。

（5）发芽培养和管理检查

选择适宜的温度，虽然几种温度同样有效，但一般来说，新鲜有休眠的种子选用变温或较低恒温发芽较为有利。

对光照条件，国际种子检验规程明确指明，对大多数种子，最好加光培养，有利于抑制发芽过程中霉菌的生长繁殖，并有利于正常幼苗鉴定，区分黄化和白化的不正常幼苗。

在种子发芽期间，应进行适当的检查管理，以保持适宜的发芽条件。发芽床应始终保持湿润，切忌断水，也不能水分过多或过干，以保持适宜的发芽水分。温度应保持在所需温度的 ±2℃范围内，防止因控温部件失灵、断电、电器损坏等意外事故造成的温度失控。如发现霉菌滋生，应及时取出洗涤去霉。当发霉种子超过 5% 时，应调换发芽床，以免霉菌传开。如发现腐烂死亡种子，则应将其除去并记载。还应注意氧气的供应情况，避免因缺氧而使正常发芽受影响。

（6）试验持续时间和观察记载

①试验持续时间。试验前或试验期间用于破除休眠处理所需时间不作为发芽试验时间的一部分。如果样品在规定试验时间内只有几粒种子开始发芽，则试验时间可延长 7d，或延长规定时间的一半。根据试验情况，可增加计数的次数。反之，如果在规定试验时间结束前，样品已达到最高发芽率，则该试验可提前结束。

②幼苗鉴定和观察计数。每株幼苗都必须按规定的标准进行鉴定。鉴定要在主要构造已发育到一定时期进行。在初次计数时，把发育良好的正常幼苗应从发芽床中拣出，对可疑的或损伤、畸形或不均衡的幼苗，通常留到末次计数。严重腐烂的幼苗或发霉的种子应从发芽床中除去，并随时增加计数。末次计数时，按正常幼苗、不正常幼苗、新鲜不发芽种子或硬实和死种子分类计数和记载。

（7）重新试验

当试验出现下列情况时，应重新试验。

①怀疑种子有休眠（即有较多的新鲜不发芽种子），可采用打破种子休眠的方法进行试验，将得到的最佳结果填报，应注明所用的打破休眠方法。

②当真菌或细菌的蔓延使试验结果不一定可靠时，可采用沙床或土壤进行试验。如有必要，应增加种子之间的距离。

③当正确鉴定幼苗数有困难时，可采用规定的一种或几种方法在沙床或土壤床上进行重新试验。

④当发现试验条件、幼苗鉴定或计数有差错时，应采用同样方法进行重新试验。

⑤当 100 粒种子重复间的差距超过容许差距时，应采用同样的方法进行重新试验。如果第二次结果与第一次结果相一致，即其差异不超过容许差距，则将两次试验的平均数填报在结果单上。如果第二次结果与第一次结果不相符合，其差异超过容许差距，则采用同样的方法进行第三次试验，填报符合要求的结果平均数。

（8）结果计算和表示

试验结果以粒数的百分率表示。当一个试验的 4 次重复（每个重复以 100 粒计，相邻的副重复合并成 100 粒的重复）正常幼苗百分率都在最大容许差距内，则其平均数表示发芽百分率。不正常幼苗、硬实、新鲜不发芽种子的百分率按 4 次重复平均数计算。正常幼苗、不正常幼苗和未发芽种子百分率的总和必须为 100%，平均数百分率修约到最近似的整数。

（9）结果报告

填报结果时，须填报正常幼苗、不正常幼苗、硬实、新鲜不发芽种子和死种子的百分率。假如其中任何一项结果为零，则将符号“0”填入格中。同时还须填报采用的发芽床和温度、试验持续时间以及为促进发芽所采用的处理方法。

知识链接 5-3-1

GB/T 2930.4—2017 草《种子检验规程 发芽试验》

- **工具准备**

发芽试验设备、发芽床、数种器、培养皿等。

- **材料准备**

试验样品（草种子）、滤纸、标签、记号笔等。

- **人员准备**

任务分工

任务角色	任务内容
组长：	确定工作内容，分配工作任务，完成草种子发芽力测定任务
组员 1：	参与讨论，咨询专业人员、查询相关资料，确定草种子发芽力测定方法
组员 2：	参与讨论，根据讨论结果在专业人员指导下，进行正确进行草种子发芽力实验
组员 3：	参与讨论，根据讨论结果完成草种子发芽力测定数据统计及结果计算和填报
组员 4：	参与讨论，根据讨论结果完成草种子发芽力测定，结果计算及填报

任务实施

根据 GB/T 2930.4《草种子检验规程　发芽试验》实施任务。

步骤一：草种子发芽力试验前准备。

①准备和数取实验样品。

②置床及粘放标签。

步骤二：草种子试验培养。

①发芽培养设备设置和管理检查。

②入箱培养。

步骤三：正确试验，精确统计，并正确计算出发芽力。

任务检测

请扫码答题。

任务评价

工作活动完成过程评价

班级：__________ 组别：__________ 姓名：__________

项目	评分标准	自我评价	小组评价	教师评价
发芽试验设备使用（30分）	发芽试验设备正确摆放（10分）			
	发芽试验设备启用（10分）			
	发芽试验条件设置（10分）			
发芽试验（30分）	正确选择发芽床（10分）			
	熟练进行发芽试验（10分）			
	正确计算结果（10分）			
活动完成过程（30分）	能够根据工作任务资料分析并制订工作计划（5分）			
	认真思考，积极动手、动脑（5分）			
	积极参与小组合作与交流，配合默契，互帮互助（5分）			
	通过小组讨论与再学习完成工作任务（5分）			
	能很好地展示活动成果（10分）			

（续表）

项目	评分标准	自我评价	小组评价	教师评价
活动效果（10 分）	整体的效果（很好为 10 分；较好为 7～9 分；一般为 3～6 分；较差为 0～2 分）			
合计				
自我评价与总结				
教师点评				

任务四　草种子水分测定

任务导入

根据草种子检验程序，检验中心检验员对 A 公司送检样品按照 GB/T 2930.8《草种子检验规程　水分测定》规定进行水分测定，种子水分高低直接关系到种子包装、贮藏、运输的安全，并且对草种子保持生活力影响重大。干燥草种子前，测定种子水分，便于确定种子干燥的温度、时间和干燥方法；种子包装和贮藏前测定种子水分，便于确保种子的安全包装和安全贮藏，以及确定保存时间的长短，从而了解种子播种质量。

任务准备

- **知识准备**

种子水分是种子质量分级标准中的四大指标之一。

1. 种子水分定义及测定的重要性

（1）种子水分

按 GB/T 2930.8《草种子检验规程　水分测定》种子样品烘干所失去的重量占供检样品原始重量的百分率表示种子水分。

种子水分＝［试样烘干前重-试样烘干后重］/试样烘干前重×100%

（2）种子水分测定的重要性

种子水分与种子成熟度、收获的最佳时间、安全包装、人工干燥的合理性、人为和自然伤害（热伤、霜冻、病虫为害）、机械损伤等因素有密切的关系，所以测定种子水分、控制种子水分是保证种子质量的重要一环。

为了避免机械收获伤害种子，收获前应先测定种子水分，当种子水分降低，硬度增加，对机械抗性提高时，才能确定种子的最佳收获时间。在人工干燥种子前，应先测定种子水分，以确定种子干燥的温度、时间和干燥方法。在加工后也要测定种子水分，检查水分是否达到要求标准。种子包装和贮藏前也要了解种子水分，确保种子的安全包装和安全贮藏，以便确定保存时间的长短。在贮藏期间和调运前也需测定种子水分，以确保种子贮藏期间的安全和运输途中的种子安全。

根据研究表明，对大多数草种子而言，种子水分越低，越有利于保持寿命和活力。

2. 种子水分特性及测定方法

（1）种子水分特性

种子中的水分按其特性可分为自由水和束缚水两种。

①自由水。自由水是生物化学的介质，存在于种子表面和细胞间隙内，具有一般水的特性，可作为溶剂，但很容易受外界环境条件的影响，容易蒸发。因此在种子水分测定前，往往采取一些措施尽量防止这种水分的丧失。如送检样品必须装在防湿容器中，尽可能排除空气湿度影响，以确保送检样品测定种子水分的真实意图；样品接收后立即测定（如果样品接收当天不能测定，应将样品贮藏在 4～5℃的冰箱中，不能在低于 0℃的冰箱中贮存）；测定过程中的取样、磨碎、称重须操作迅速；避免蒸发（磨碎转速不能过快，但这一过程所费的时间不得超过 2 min）；高水分（17% 以上）种子的自由水含量更高，更易蒸发，为此种子磨碎前须采用预先烘干法降低种子水分后，才能进行种子磨碎程序进入正式种子水分含量测定。

②束缚水。束缚水与种子内的亲水胶体如淀粉、蛋白质等物质中的化学基团牢固结合，水分子与这些胶体物质中的化学基团，如羧基、氨基与羟基等以氢键或氧桥等相连接。不能在细胞间隙中自由流动，不易受外界环境条件影响。种子烘干时，水分开始蒸发较快，这是由于自由水蒸发容易，随着烘干的进程，蒸发速度逐渐缓慢，这是由于束缚水被种子内胶体牢固结合，因此用烘干法设计水分测定程序时，应通过适当提高温度（如 130℃）或延长烘干时间才能把这种水充分蒸发出来。

综上所述，测定种子水分必须保证使种子中自由水和束缚水充分而全部除去，同时要尽最大可能减少氧化、分解或其他挥发性物质的损失。据此，我们必须设计好水分测定程序，尤其要注意烘干温度、种子磨碎和种子原始水分等因素的影响。

（2）常用的水分测定方法

目前最常用的种子水分测定法是烘干减重法（包括烘箱法、红外线烘干法等）和电子水分仪速测法（包括电阻式、电容式和微波式水分速测仪）。一般正式报告需采用烘干减重法进行种子水分测定，而在种子收购、调运、干燥加工等过程则采用电子水分仪速测法测定。

①低恒温烘干法。该法必须在相对湿度 70% 以下的室内进行。供水分测定的送验样品必须符合 GB/T 2930.8 的要求，进行测定需取两个重复的独立试验样品，必须使试验样品在样品盒的分布为每平方厘米不超过 0.3 g。

取样勿直接用手触摸种子，而应用勺或铲子。

先将样品盒预先烘干、冷却、称重，并记下盒号，取得试样两份（磨碎种子应从不同部位取得），每份 4.5～5.0 g（直径小于 8 cm 称 4～5 g，等于或大于 8 cm 称 10 g），将试样放入预先烘干和称重过的样品盒内，再称重（精确至 0.001 g）。使烘箱通电预热至 110～115℃，将样品摊平放入烘箱内的上层，样品盒距温度计的水银球约 2.5 cm 处，迅速关闭烘箱门，使箱温在 5～10 min 内回升至（103 ± 2）℃时开始计算时间，烘 17 h。用坩埚钳或戴上手套盖好盒盖（在箱内加盖），取出后放入干燥器内冷却至室温，30～45 min 后再称重。

②高温烘干法。其程序与低恒温烘干法相同。首先将烘箱预热至 140～145℃，打开箱门 5～10 min 后，烘箱温度须保持 130～133℃，样品烘干时间根据 GB/T 2930.8《草种子检验规程　水分测定》规定确定。

③高水分预先烘干法。含水量高于 17% 且应磨碎的草种子，按照 GB/T 2930.8《草种子检验规程　水分测定》规定，先采用预先烘干法，即称取两份样品各（25.00 ± 1）g，置于直径大于 8 cm 的样品盒中，在（130 ± 2）℃烘箱中预烘 5～10 min，使水分降至 17% 以下。然后，再按上述①或②的方法进行水分测定。

④结果计算。根据烘后失去的重量计算种子水分百分率：

种子水分=［试样烘干前重（g）-试样烘后重（g）］/ 试样烘干前重（g）× 100%

• 工具准备

恒温烘箱、粉碎（磨粉）机、干燥器和干燥剂、电子天平、样品盒、玻璃瓶、匙子、坩埚钳、手套、记号笔等用具。

• 材料准备

试验样品（草种子）。

知识链接 5-4-1

GB/T 2930.8—2017《草种子检验规程 水分测定》

• 人员准备

任务分工

任务角色	任务内容
组长：	确定工作内容，分配工作任务，完成种子水分测定任务
组员 1：	参与讨论，咨询专业人员、查询相关资料，确定正确的水分测定方法
组员 2：	参与讨论，根据讨论结果正确进行种子称量
组员 3：	参与讨论，根据讨论结果完成种子水分测定
组员 4：	参与讨论，根据讨论完成草种子水分含量测定结果计算和填报

任务实施

根据 GB/T 2930.8《草种子检验规程　水分测定》实施任务。

步骤一：草种子水分测定前准备。

①选用适当烘干法，预热恒温烘箱。

②烘干称量标记样品盒。

③称量测定草种子。

步骤二：草种子水分测定。

①将称量好的样品盒放入设置好的恒温烘箱。

②达到测定时间取出样品盒放置干燥器冷却。

③称量测定草种子。

步骤三：结果计算和填报。

任务检测

请扫码答题。

任务评价

工作活动完成过程评价

班级：____________　　组别：____________　　姓名：____________

项目	评分标准	自我评价	小组评价	教师评价
恒温烘箱使用（30 分）	恒温烘箱正确摆放（10 分）			
	恒温烘箱启用（10 分）			
	水分测定条件设置（10 分）			
水分测定样品（30 分）	正确称量草种子（10 分）			
	熟练进行水分测定（10 分）			
	正确计算结果（10 分）			
活动完成过程（30 分）	能够根据工作任务资料分析并制订工作计划（5 分）			
	认真思考，积极动手、动脑（5 分）			
	积极参与小组合作与交流，配合默契，互帮互助（5 分）			
	通过小组讨论与再学习完成工作任务（5 分）			
	能很好地展示活动成果（10 分）			
活动效果（10 分）	整体的效果（很好为 10 分；较好为 7～9 分；一般为 3～6 分；较差为 0～2 分）			
合计				

自我评价与总结	
教师点评	

任务五　草种子生活力测定

任务导入

根据草种子检验程序，检验中心检验员对A公司送检样品按照GB/T 2930.5《草种子检验规程　生活力的生物化学（四唑）测定》规定进行生活力测定。播种草种子必须进行生活力测定，了解处于休眠期种子的潜在发芽能力；对发芽试验末期发现有新鲜不发芽的休眠种子，应进行生活力测定，以便合理利用种子；对发芽率低而生活力高的种子，应进行适当处理后播种；对发芽率低和生活力也低的种子，就不能作为种用。确保播种质量，保证出苗率，为草地恢复、草地改良、人工草地建植等生态建设中草种子的安全作出应有的贡献。

任务准备

- **知识准备**

1. 种子生活力的概念和测定必要性

（1）种子生活力

指种子发芽的潜在能力或种胚所具有的生命力。许多植物种子因具有休眠现象，发芽率很低，野生性强的种子，其休眠性更强，新收获的种子更难发芽，发芽率更低。但实际上大多数种子是有生活力的，只是处于休眠状态暂时不能发芽。因此，在一个种子样品中全部有生命力的种子，应包括能发芽的种子和暂时不能发芽而具有生命力的休眠种子。

（2）种子生活力测定的必要性

休眠种子必须进行生活力测定，新收的或在低温贮藏处于休眠状态的种子，采用标准发芽试验及时供给适宜的发芽条件，而不能良好发芽或发芽率很低，在这种情况下，仅用发芽试验测定其发芽率，就不可能测出种子的最高发芽率，必须进一步测定其生活力，了解种子潜在发芽能力，以便合理利用种子。播种之前对发芽率低而生活力高的种子，应进行休眠适当处理后再播种。对那些发芽率低和生活力也低的种子，就不能作为种用。实际上，如果发芽试验末期发现有新鲜不发芽的休眠种子，就应继续进行生活力测定。

2. 种子生活力测定方法

种子生活力测定方法有生物化学（四唑）测定法、溴麝香草酚蓝法、红墨水染色法等。草种子检验规程的生活力测定方法仅为生物化学（四唑）测定法。

（1）生物化学（四唑）测定法（TTC法）

①生物化学（四唑）测定法的特点。四唑测定具有原理可靠、结果准确、不受休眠限制、方法简便、省时快速、成本低廉等特点。所以四唑测定是世界公认、广

泛应用、实用方便、省时快速、结果可靠、深受欢迎的种子生活力测定方法之一。

②四唑测定的适用范围。根据草种子检验规程规定，生物化学（四唑）测定法可适用下列快速测定种子生活力。

A. 测定休眠种子的发芽潜力。

B. 测定收获后要马上播种种子潜在发芽能力。

C. 测定发芽缓慢种子的发芽潜力。

D. 测定发芽末期未发芽种子的生活力。

E. 测定种子收获期间或加工损伤（如热伤、机械损伤、虫蛀、化学伤害等因素）种子生活力。

F. 解决发芽试验中遇到的问题，查明不正常幼苗产生的原因和杀菌剂处理或种子包衣等的伤害。

③生物化学（四唑）测定法方法步骤。

A. 试验样品。从净种子中数取 400 粒种子，分成 4 个重复，每一重复 100 粒。

B. 染色准备。先将种子放在潮湿的吸水纸上面或两层吸水纸间经过一昼夜，或将种子放在烧杯中浸 3～4 h，保持温暖（30 ℃），使种子充分吸胀，之后将放在吸水纸上的种子，用锋利的刀片纵向切开，使胚的主要结构露出。取种子一半供测定用，或把禾草颖果的中部靠近胚的上方横切成两段，弃去种子的顶部再用切片的一角将种子带胚一端移入四唑溶液。或用针刺破果皮穿进种胚附近的胚乳，而不使种胚损伤，再用针尖将种子从吸水纸移入溶液。

C. 染色。草种子可放在小的玻璃或塑料容器（如培养皿、表面玻璃、烧杯）里染色。溶液以浸没种子为度，对未经切开胚的豆科、禾本科的草种子，可用 1.0% 浓度的溶液。而对切开胚的禾草种子则用较稀的溶液（0.1%～0.25%）。染色所需时间，可根据种子具体情况、溶液浓度及温度变化而定。染色一般在室温下进行，如要缩短测定时间，可放在 30 ℃或 35 ℃发芽器或其他加温器里进行加温。

D. 鉴定。在立体显微镜下进行观察鉴定，辨别有生活力和无生活力的种子。根据种胚主要结构的染色情况进行判断，如对禾本科草种子的胚芽、胚根、胚轴和盾片及豆科草种子的胚根、胚芽、胚轴和子叶等部位进行仔细地观察。通常，胚的全部或主要结构染成鲜红色的，为有生活力的种子；凡胚的主要结构之一不染色，或染成浅色斑点者为无生活力的种子。禾本科草种子的胚芽、胚根、盾片中央不染色，或者盾片末端、胚根不染色斑点超过 1/3 的为无生活力的种子。豆科草种子胚根和子叶末端不染色的面积超过 1/3，胚轴或接近胚芽部分的子叶不染色者为无生活力种子。对带有稃壳的禾本科草种子及小粒豆科草种子，需用乳酸苯酚剂使稃壳、胚乳或种皮、子叶变为透明，以便观察种胚的染色情况，正确判断种子的生活力。

E. 计算有生活力种子百分率。

（2）溴麝香草酚蓝法（BTB 法）

①原理。凡活细胞必有呼吸作用，吸收空气中的 O_2 放出 CO_2。CO_2 溶于水成为 H_2CO_3，H_2CO_3 解离成 H^+ 和 HCO_3^-，使得种胚周围环境的酸度增加，可用溴麝

香草酚蓝（BTB）来测定酸度的改变。BTB 的变色范围为 pH 值 6.0～7.6，酸性呈黄色，碱性呈蓝色，中间经过绿色（变色点为 pH 值 7.1）。色泽差异显著，易于观察。

②测定方法。

A. 测定前准备。同上述 TTC 法。

B. BTB 琼脂凝胶的制备。取 0.1% BTB 溶液 100mL 置于烧杯中，将 1g 琼脂剪碎后加入，用小火加热并不断搅拌。待琼脂完全溶解后，趁热倒在 4 个干净的培养皿中，使成一均匀的薄层，冷却后备用。

C. 显色。取吸胀的种子 200 粒，整齐地埋于准备好的琼脂凝胶培养皿中，种子胚朝下平放，间隔距离至少 1 cm。后将培养皿置于 30～35 ℃下培养 1～2 h，蓝色背景下观察，如种胚附近呈现较深黄色晕圈是活种子，否则是死种子。

D. 计算有生活力种子百分率。

（3）红墨水染色法

①原理。有生活力的种子其胚细胞的原生质具有半透性，有选择吸收外界物质能力，某些染料如红墨水中的色素不能进入细胞内，胚部不着色。而丧失生活力的种子其胚部细胞原生质膜丧失了选择吸收的能力，染料进入细胞内使胚部染色，所以可根据种子胚部是否染色来判断种子的生活力。

②测定方法。

A. 测定前准备。同上述 TTC 法。

B. 取已吸胀的种子 200 粒，沿胚的中线切为两半，将一半置于培养皿中，加入 5% 红墨水（以淹没种子为度），染色 10～15 min（温度高时，时间可短些）。

C. 观察。染色后倒去红墨水，用水冲洗多次，至冲洗液无色为止。检查种子生活力，凡种胚不着色或着色很浅的为活种子；凡种胚与胚乳着色程度相同的为死种子。可用沸水杀死的种子作对照观察。

D. 计算有生活力种子百分率。

知识链接 5-5-1

GB/T 2930.5—2017《草种子检验规程 生活力的生物化学（四唑）测定》

知识链接 5-5-2

GB/T 2930.11—2008《草种子检验规程 检验报告》

- **工具准备**

显微镜或放大镜、培养皿、烧杯、试管、小玻璃瓶、解剖刀、刀片、解剖针等。

- **材料准备**

试验样品（草种子）、四唑溶液等。

- **人员准备**

任务分工

任务角色	任务内容
组长：	确定工作内容，分配工作任务，完成草种子生活力测定任务
组员 1：	参与讨论，咨询专业人员、查询相关资料，确定正确的草种子生活力测定方法
组员 2：	参与讨论，根据讨论结果做好草种子生活力测定准备工作
组员 3：	参与讨论，根据讨论结果正确测定草种子生活力
组员 4：	参与讨论，完成草种子生活力测定及结果计算和根据讨论结果统计及计算结果并填报

任务实施

根据 GB/T 2930.5《草种子检验规程　生活力的生物化学（四唑）测定》实施任务。

步骤一：染色前准备。

①试验样品分取。

②染色前的种子准备。

步骤二：染色。对未经切开胚的豆科、禾本科草种子，可用 1.0% 浓度的溶液。而对切开胚的禾本科草种子则用较稀的溶液（0.1%～0.25%）。

步骤三：鉴定。胚的全部或主要结构染成鲜红色的，为有生活力的种子。

步骤四：结果计算及填报。计算有活力种子百分率。

任务检测

请扫码答题。

任务评价

工作活动完成过程评价

班级：__________ 组别：__________ 姓名：__________

项目	评分标准	自我评价	小组评价	教师评价
生活力测定的方法要点（30分）	四唑测定法（10分）			
	嗅麝香草酚兰法（10分）			
	结果计算与表示（10分）			
生物化学（四唑）测定（30分）	染色前的种子准备（10分）			
	染色、鉴定（10分）			
	正确计算结果（10分）			
活动完成过程（30分）	能够根据工作任务资料分析并制订工作计划（5分）			
	认真思考，积极动手、动脑（5分）			
	积极参与小组合作与交流，配合默契，互帮互助（5分）			
	通过小组讨论与再学习完成工作任务（5分）			
	能很好地展示活动成果（10分）			
活动效果（10分）	整体的效果（很好为10分；较好为7～9分；一般为3～6分；较差为0～2分）			
合计				

自我评价与总结	
教师点评	

任务六　草种子质量分级与等级评定

任务导入

根据草种子检验程序，检验中心检验员对A公司送检样品依据质量检验结果，按照GB6141《豆科草种子质量分级》或GB6142《禾本科草种子质量分级》，进行正确的草种子质量分级与等级评定，草地种植的成败在很大程度上取决于牧草种子的质量，生产上要求种子具有优良的品种特性和优良的种子特性，包括品种质量和播种质量。品种质量是指与遗传特性有关的品质，播种质量是指种子播种后与田间出苗有关的质量。而种子检验是确保种子质量的重要环节，应用科学、先进和标准的方法对种子样品的质量进行正确的检验，判断其质量优劣，进行草种子质量分级与等级评价，评定种子价值。

任务准备

• 知识准备

1. 种子检验及其意义

（1）种子检验

种子检验是指应用科学、先进和标准的方法对种子样品的质量进行正确的分析测定，判断其质量优劣，评定种子价值的一项科学技术。

（2）种子质量

种子质量是由种子不同特性综合而成，生产上要求种子具有优良的品种特性和优良的种子特性。通常包括品种质量和播种质量两个方面的内容，品种质量是指与遗传特性有关的品质，可用真、纯两个字概括；播种质量是指种子播种后与田间出苗有关的质量，可用净、壮、饱、健、干、强6个字概括。

①真。是指种子的真实性，是种子真实可靠的程度。如果种子失去真实性，不是原来所需要的优良品种，其危害小则不能获得丰收，大则会延误时间，甚至颗粒无收。

②纯。是指牧草品种典型一致的程度，可用品种纯度表示。品种纯度高的种子因具有该品种的优良特性而可获得丰收；相反品种纯度低的种子由于其混杂退化而明显减产。

③净。是指种子清洁干净的程度。可用净度表示。种子净度高，表明种子中杂质（其他牧草和杂草种子）含量少，可利用的种子数量多。净度是计算种子用价的指标之一。

④壮。是指种子发芽出苗齐壮的程度，可用发芽势、生活力表示。发芽势、生活力高的种子发芽出苗整齐，幼苗健壮，同时可以适当减少单位面积的播种量。发芽率也是种子用价的指标之一。

⑤饱。是指种子充实饱满的程度，可用千粒重（和容重）表示，种子千粒重是种子活力指标之一。种子充实饱满表明种子中贮藏物质丰富，有利于种子发芽和幼苗生长。

⑥健。是指种子健康的程度，通常用病虫感染率表示。种子病虫害直接影响种子发芽率和田间出苗率，并影响牧草的生长发育和产量。

⑦干。是指种子干燥耐藏的程度。可用种子水分百分率表示。种子水分低，有利于种子安全贮藏和保持种子的发芽力和活力。因此，种子水分与种子播种质量有密切关系。

⑧强。是指种子强健，抗逆性强，增产潜力大。通常用种子活力表示。活力强的种子，可早播，出苗迅速整齐，成苗率高，增产潜力大，产品质量优，经济效益高。

由此可见，种子检验就是对品种的真实性和纯度、种子净度、发芽力、生活力、健康状况、水分和千粒重进行分析检验。

（3）草种子检验在生态建设中的重要意义

草地种植的成败在很大程度上取决于草种子的质量，而种子检验是确保种子质量的重要环节，保证草种子质量也是生态文明建设的重要部分。

①保证种子质量，提高产品产量和质量。优良品种是指具有高产、多抗、优质等特性；优质种子应具有纯度高、活力强和健康等特性；以优质种子为基础，加上科学的栽培方法保证，才能达到栽培目的。

②贯彻优质优价政策，促使种子质量的提高。通过种子检验，对种子质量做出正确的评价，才能按国家种子分级标准，按质论价，改善和提高种子质量。

③控制种子质量，保证种子贮藏运输的安全。通过种子检验，掌握种子的水分、杂质和病虫等情况就可根据贮藏和仓库条件，或运输途经路线和目的地的气候条件等因素，按照科学安全贮藏运输的要求和检验结果做出判断，确保种子贮藏运输的安全。

④防止伪劣种子流通，保护国家和生产单位的利益。国家和生产单位对播种用种子质量均有严格的要求，严格执行种子检验制度和种子标签法，避免以假冒真，以次充好，贩卖伪劣种子，从中牟取暴利，坑国害民的事件不断发生。

⑤防止病虫和有毒杂草的传播蔓延，保护生产和人畜安全。严格执行检验和检疫制度，一旦发现调运的种子和苗木等带有检疫对象，就禁止调运或入境。一般非危害性的病虫和杂草，须经适当处理杀灭后，再允许调入。

⑥避免伪劣种子播种，节约种子和费用。凡播种用的种子都经过准确的检验，

就可避免这种事故的发生，既节约种子，又减少损失。

⑦推行种子标准化和实施《种子法》的保证。认真建立种子检验体系和种子质量管理法规，强化种子检验工作，规定市场流通的所有种子均须经过检验，达到标准，才能销售。

⑧确保种子质量，维护国家声誉。我国的检验机构，对出口种子进行严格准确的检验，将符合质量要求的种子出口，才能为进口国所接受，为国家争取外汇和声誉。同时从国外进口的种子，经过严格准确的复检，对不符合合同要求的种子要求退货或索赔，为国家挽回损失。

2. 草种子质量检验程序

草种子质量检验程序是严格按检验规程进行，我国颁布了 GB/T 2930.1—11《草种子检验规程》。检验规程是一种对种子质量测定的原则定义、仪器设备、检测程序、结果计算和容许差距作出明确规定的技术标准（图 5-6-1）。

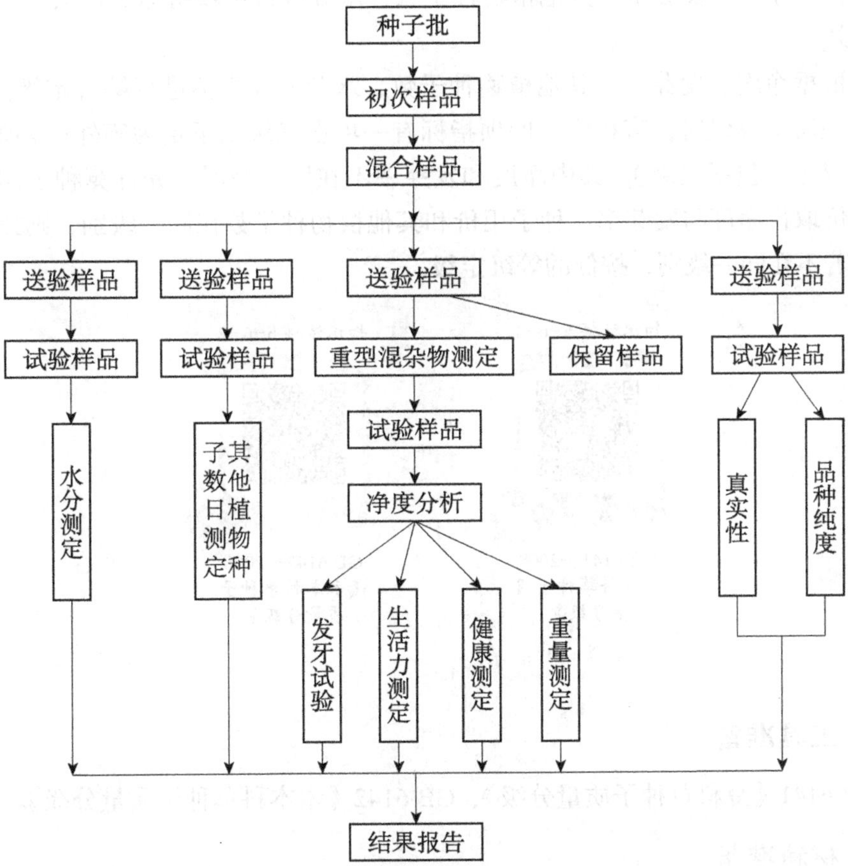

图 5-6-1　种子的检验和操作程序

3. 草种子质量检验分级与等级评价

草种子质量检验分级标准通常依据种子的物理、生理和健康状态来设定，不同国家和地区可能有不同的评定标准。我国按照 GB 6141《豆科草种子质量分级》、GB 6142《禾本科草种子质量分级》对草种子质量进行分级与等级评价。

（1）检验方法

扦样、净度、发芽率、其他植物种子数、水分的测定方法遵照 GB/T 2930.1、GB/T 2930.2、GB/T 2930.3、GB/T 2930.4.GB/T 2930.8 和《国际种子检验规程》。

（2）分级原则

以净度、发芽率、其他植物种子数和水分四项指标进行质量单项定级和综合评定。草种子质量分为一级、二级和三级，三级以下定为等外。GB6141《豆科草种子质量分级》、GB6142《禾本科草种子质量分级》给出了草种子质量分级的指标。

①根据净度、发芽率、其他植物种子数、水分进行单项指标的定级，三级以下定为等外。

②根据净度、发芽率、其他植物种子数、水分 4 项指标进行综合定级。4 项指标在同一质量等级时，直接定，四项指标有一项在三级以下定为等外；4 项指标均在三级以上（包括三级），其中净度和发芽率不在同一级时，先计算种子用价，用种子用价取代净度与发芽率。种子用价和其他植物种子数在同一级别，则按该级别定级；若不在同一级别，按低的等级定级。

知识链接 5-6-1

GB 6141—2008《豆科草种子质量分级》

知识链接 5-6-2

GB 6142—2008《禾本科草种子质量分级》

工具准备

GB 6141《豆科草种子质量分级》、GB 6142《禾本科草种子质量分级》。

材料准备

净度、发芽率、其他植物种子数和水分质量检验结果、草种子质量检验结果报告单、笔等。

- **人员准备**

任务分工

任务角色	任务内容
组长：	确定工作内容，分配工作任务，完成草种子质量分级与等级评定任务
组员 1：	参与讨论，咨询专业人员、查询相关资料，熟悉 GB 6141《豆科草种子质量分级》、GB 6142《禾本科草种子质量分级》
组员 2：	参与讨论，归纳整理净度、发芽率、其他植物种子数和水分质量检验结果
组员 3：	参与讨论，根据讨论结果进行草种子质量分级与等级评定
组员 4：	参与讨论，根据草种子质量分级与等级评定结果，填报草种子质量检验结果报告单

任务实施

根据 GB 6141《豆科草种子质量分级》、GB 6142《禾本科草种子质量分级》实施任务。

步骤一：熟悉 GB 6141《豆科草种子质量分级》、GB 6142《禾本科草种子质量分级》步骤二：归纳整理净度、发芽率、其他植物种子数和水分质量检验结果。

步骤三：进行草种子质量分级与等级评定，填报草种子质量检验结果报告单。

任务检测

请扫码答题。

任务评价

工作活动完成过程评价

班级：__________ 组别：__________ 姓名：__________

项目	评分标准	自我评价	小组评价	教师评价
发芽试验设备使用（30分）	GB 6141《豆科草种子质量分级》、GB 6142《禾本科草种子质量分级》正确使用（15分）			
	归纳整理净度、发芽率、其他植物种子数和水分质量检验结果（15分）			
发芽试验（30分）	准确进行草种子质量分级（10分）			
	准确评定草种子等级（10分）			
	正确填报草种子质量检验结果报告单（10分）			
活动完成过程（30分）	能够根据工作任务资料分析并制订工作计划（5分）			
	认真思考，积极动手、动脑（5分）			
	积极参与小组合作与交流，配合默契，互帮互助（5分）			
	通过小组讨论与再学习完成工作任务（5分）			
	能很好地展示活动成果（10分）			
活动效果（10分）	整体的效果（很好为10分；较好为7～9分；一般为3～6分；较差为0～2分）			
合计				
自我评价与总结				
教师点评				

项目六 草种子管理

项目导读

草种子是特殊的生产资料，如何妥善地存放储藏、运输好种子，直接关系到生产实践。任何新品种的推广均离不开种子流通过程中的储藏与运输，而在这些中间环节，可能有一些伪劣种子流入市场，使种子出现生命力的下降，降低良种的增产潜力；还可能导致病虫害的传播，引起病虫害疫区的扩大，使病虫害大流行，从而带来不应有经济和生态效益的损失。因此，种子流通过程中做好储藏运输管理，是种子技术管理的重要环节。

草种质资源是生物多样性的重要组成部分，是筛选、培育优良新品种的素材和基因源，属于国家战略性资源，对于缓解饲料资源短缺、确保粮食及畜产品稳定供给、促进草地畜牧业稳步发展、加速农业结构调整、满足生态环境治理等有着十分重要的作用。因此，做好草种质资源库的建设，做好草种质资源的保存意义重大。

学习目标

• 知识目标

1. 掌握种子储藏的原理。
2. 掌握种子寿命的概念及影响种子寿命的因素。
3. 掌握常规种子储藏方法及种子储藏新技术。
4. 掌握草种质资源保存的概念、重要性和保存方法。

• 技能目标

1. 能够根据不同草种子采取不同的储藏方法。
2. 能够进行种子库温度、水分、仓库害虫的检查，并能采取及时的、有针对性的解决措施。

- **发展目标**

培养成为合格的种子仓储管理员。

- **思政目标**

1. 培养学生树立科学规范的管理意识。
2. 培养学生脚踏实地、注重积累、厚积薄发的学习工作态度。
3. 培养学生树立严谨规范、一丝不苟、认真细致、坚持标准的工作学习态度。
4. 培养学生树立知识产权意识；倡导爱护生物资源，珍惜粮食等。

任务一 草种子寿命

任务导入

A公司储藏有一批草种子，为了解其储藏情况，需要进行种子寿命测定，请按照草种子种子寿命测定方法，科学严谨地进行操作。在测定中一定要有学农爱农的情怀，认真负责的态度，崇尚与践行朴实无华、默默奉献的献身精神，保证测定结果真实性。

任务准备

- **知识准备**

1. 种子寿命的概念及类型

（1）种子寿命的概念

种子寿命是指种子的生活力在一定环境条件下能保持的期限，也就是其中半数已完全丧失生活力所经历的时间，并非像过去习惯上所理解的包括全部种子的死亡或生命的结束。实际上，一批种子中的每一粒种子都有一定的生存期限，并且由于母株所处的环境条件、种子在母株上的部位、收获后的储藏条件的不同，种子个体间生活力的差异很大。因此，一批种子的寿命，是指种子群体的发芽率从种子收获后至降低到50%所经历的这一时间，又称种子的“半活期”，即种子群体的平均寿命。

农业生产上用半活期概念作为种子寿命的指标显然是不适宜的，因为农业生产要求播种高活力的种子。因此，本书中农业种子寿命的概念是指种子生活力在一定条件下能保持90%以上发芽率的期限。

（2）种子寿命的类型

种子寿命是一个相当复杂的问题，寿命的长短不仅受遗传特征的影响，还受多种外界条件的影响。只要提高种子本身的质量和改善储藏条件，其寿命都可以相对延长。但在自然条件下自由储藏或在相同条件下储藏的种子，不同种子寿命的长短差异会明显地表现出来，寿命长的种子能存活十几年乃至上百年，而寿命短的种子仅存活几个月、几十天乃至几小时。如豆科草紫花苜蓿、白花草木樨等种子的寿命在 15 年之上，而藜科小乔木饲用植物梭梭种子成熟后如无发芽条件，数小时即会丧失生活力。

草种子寿命的长短，首先，由植物种本身的遗传性所决定，例如，禾谷类种子寿命一般较短，而葫芦科种子的寿命则较长。同为豆科种子，绿豆和紫云英种子寿命较大豆和花生种子长得多。其次，这种差异性受环境条件的作用，包括种子留在母株上时的生态条件以及收获、脱粒、干燥、加工、储藏和运输过程中所受到的影响。通常提到的某一种草种子的寿命是指它在一定的具体条件下能保持生活力的年限。当时间、地点以及各种环境因素发生改变时，草种子的寿命也就随之改变。

早在 1908 年，澳大利亚人 Ewart 根据 1 400 种植物种子在最适条件下储藏的结果，将种子的寿命分为 3 类。

①短命种子。寿命在 3 年以内。

②中命种子。寿命为 3～15 年。

③长命种子。寿命为 15～100 年或更长。

法国植物学家 Becquerel（1907，1934）对巴黎自然博物馆中储藏的 500 种植物种子进行了寿命的测定，发现 13 种的寿命超过 50 年，其中 11 种为豆科植物（表 6-1-1），多对叶决明种子的寿命超过 158 年。

表 6-1-1　长命种子的记载

长命种子	种子采收期	1909 年播种发芽率 / %	1934 年播种发芽率 / %	测定的寿命 / 年	可能的寿命 / 年
球状含羞草	1853	50	50	81	221
黄花草木樨	1851	30	0	55	—
马西林黄芪	1848	0	10	86	100
奥地利金雀花	1843	10	0	63	—
花葵	1842	20	0	64	—
Dioclea pauciflora	1841	10	20	93	121
兵豆	1841	10	0	65	—
野三叶草	1838	20	0	68	—
白头银合欢	1835	20	30	99	155
假荆芥叶水苏	1829	10	0	77	—
双花金雀花	1822	20	0	84	—
双荚决明	1819	30	40	115	199
多对叶决明	1776	—	10	158	—

一般情况下，豆科草较禾本科草种子寿命长。在豆科草中，具小粒种子特征和硬实率高的种，种子的寿命较长；一年生草的种子寿命较多年生草的种子寿命长（表 6-1-2）。

表 6-1-2 自然条件下（呼和浩特）种子储藏年限与生活力的关系

牧草名称	储藏年限 / 年	具生活力种子 / %	其中硬实率 / %
冰草	9	0.0	
无芒雀麦	9	45.0	
披碱草	9	43.0	
高羊茅	5	19.5	
一年生黑麦草	5	93.5	
多年生黑麦草	6	85.0	
紫花苜蓿	18	83.4	0.4
白花草木樨	14	99.0	53.0
红豆草	10	9.0	—
苏丹草	18	70.0	
绛三叶	13	88.5	8.0
红三叶	15	52.5	2.5

2. 影响种子寿命的因素

（1）遗传特性与种子的寿命

种子的寿命与草种的遗传特性有密切的关系，长寿命种子都具有坚硬和不透性的种皮或类似种皮的结构。豆科草中苜蓿属、三叶草属、草木樨属及百脉根属种子的寿命很长。正常成熟的紫花苜蓿、绛三叶、红三叶、白三叶、白花草木樨种子的硬实率很高，高者可达到 90% 以上。禾本科草有无稃壳（外稃和内稃）影响着种子的寿命，猫尾草种子去稃后生活力第一年就降低了 16%，而未去稃的种子 3 年后生活力未表现出显著降低，未去稃的种子比去稃种子田间出苗率高 6%～14%，两年后未去稃的种子发芽率为 78%，而去稃种子为 40%。相同的储藏条件下，将去稃和未去稃的猫尾草种子储藏 11 年，未去稃的种子发芽率从 98% 降至 52%，而去稃种子从 97% 降至 16%。去稃种子生活力的迅速下降，是和脱稃时的机械损伤等因素有关。

种子的形状不同，在收获、清选、储藏过程中所受的机械损伤不同，一般小粒种子不易受损，寿命较长；球形种子比其他形状的种子对损伤的保护性更好。

（2）种子的生理状态与寿命

种子寿命的长短除决定于草种本身的遗传特性外，还决定于种子的生理状态。母株所处的生态条件，如温度、光周期、降水量、土壤温度、土壤营养等，通过种子的形成、发育和成熟，可直接或间接地影响种子的生理状况，进而影响种子的寿命。因而即使同一草种或品种，由于产地条件不同，其种子寿命也会产生明显的差异。

从受精到种子成熟期间存在许多影响种子寿命的因素。如从显著缺乏氮、磷、钾、钙等植株上收获的种子，与正常植株上收获的种子相比，寿命要短。另外，成熟期水分过多，土壤盐分浓度过高，种子遭到病、虫为害都会造成种子生理状况不良，从而导致种子寿命缩短。环境因子，尤其是在种子成熟时，会影响种子干物质的积累和化学组成。而种子从萌发直至种苗能进行光合作用为止，完全依赖于种子所储藏的营养物质作为能源，因此若种子储藏营养物质的过程受阻，所生产种子的寿命也将受影响。一般情况下，成熟期高温多雨的地区生产的种子不耐储藏。未充分成熟的种子比成熟充分的种子寿命短，这是因为未成熟种子含水量特别高，种子中含有大量易被氧化的且已被水解了的单糖、非蛋白氮和其他物质，因此，呼吸强度要比充分成熟种子高。高强度的呼吸作用，会释放出更多的水和热量，进而又促进寄附在种子上的微生物的活动和繁衍，导致种子储藏物质的大量消耗，加速种子死亡的速度。McAliSter（1943）曾收集了冰草属的3个种，雀麦属的3个种、灰绿披碱草和绿针茅的种子，分别在乳熟前、乳熟、蜡熟和完熟期收集，并贮藏在15～23℃条件下，含水量为7%～9%，经4个月和5个月后的测定表明，除山地雀麦和多花雀麦外，其他草乳熟前和乳熟期收获的种子，生活力和寿命都比蜡熟期和完熟期收获的种子差。

（3）水分与种子寿命

影响种子寿命的水分因素，包括种子本身的含水量和储藏环境的相对湿度。前者的影响是直接的，后者的影响是间接的。种子含水量越高，呼吸作用越强，储藏物质的水解作用越快，消耗的物质就越多。由于呼吸作用产生大量呼吸热与水分，累积了大量有毒物质，增加了对种子本身的不良影响，同时促进了微生物和仓虫的活动，种子储藏的环境条件不能稳定，导致种子生活力的下降。因此，对大多数种子来说，充分干燥是延长种子寿命的基本条件。大量的研究指出，在种子的长期储藏中，维持种子生命的最适含水量是与空气相对湿度达到平衡的含水量，禾本科种子为6%～7%。当种子的水分在8%～9%时，昆虫开始活动、繁殖；水分在12%～14%以上，种子表面和内部的真菌开始生长，而且用熏蒸剂杀虫时亦会损害种子，影响发芽率；水分在18%～20%以上，储藏种子产生大量热量。

对于一般的干藏种子，种子水分含量在5%～14%，水分增加与寿命的降低有一定的规律性，Harrington（1972）提出了"哈林顿通则"，即在此含水量范围内，种子水分每增加1%，种子寿命降低一半。当种子水分高于14%时，微生物在种子表面和内部繁殖、侵染，显著而迅速地缩短了种子的寿命，当种子含水量低于5%时，种子中的脂质氧化加速。因此，种子水分超出5%～14%，储藏寿命均不符合"哈林顿通则"。

已干燥种子含水量是由储藏环境的空气相对湿度决定的。空气相对湿度低，种子含水量也低，随着相对湿度降低，种子含水量也降低，随着相对湿度升高，种子含水量也逐渐升高（图6-1-1），直至出现游离水。当种子内出现游离水时，种子含水量称为"临界水分"。种子一旦出现游离水，水解酶和呼吸酶的活动便异常旺盛起来，这样最容易引起种子活力的丧失。种子在恒定的湿度和温度中一般要经过10 d左右的时间使种子的含水量与空气中的水汽达到动态平衡，即平衡水分。种子中带有的微生物，在相对湿度达70%以上时开始活跃生长，危害种子生命，在60%

以下处于休眠状态。因此储藏种子要求其含水量应低于 60% 相对湿度中的平衡含水量，最好更低。对于长期储藏的种子一般要求 30% 相对湿度中的平衡含水量，大部分种子这时的水分含量低于 9%。

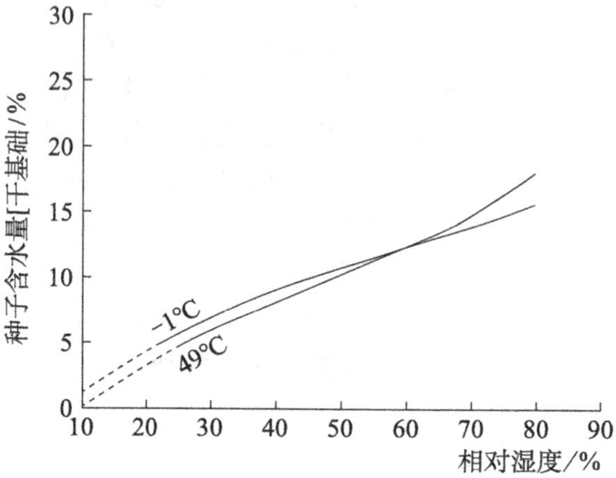

图 6-1-1 扁穗雀麦的平衡相对湿度曲线

（4）温度与种子寿命

温度是影响种子新陈代谢的主要因素之一。种子处于低温状态下，其呼吸作用非常微弱，物质与能量的消耗极少，细胞内部的衰老变化也降低到最低程度，从而能长期保持种子生活力而延长种子的寿命；相反，种子处于高温状态下，呼吸作用强烈。尤其是在种子含水较高时，呼吸作用更加强烈，造成营养物质大量消耗，导致种子的寿命大大地缩短（图 6-1-2）。种子对于严寒和酷热的抵抗能力主要取决于细胞液的浓度，种子含水量越低，细胞液越浓，抵抗冷、热的能力越强。但是，温度过低而种子含水量很高时，会使种子受冻害而迅速失去生活力。所谓低温能延长种子寿命，是在种子含水量低，储藏环境温度也低的条件下实现的。对绝大多数草来说，干燥的种子（具安全含水量的种子）在 −10～20℃ 和相对湿度 30% 的条件下对其保存都是有利的。“哈林顿通”则指出，在 0～50℃ 的温度范围内，种子温度每提高 5℃，种子寿命降低一半。

（5）各种气体保藏与种子寿命

气体影响种子的呼吸作用（包括种子中微生物和仓虫的呼吸作用）和种子中脂肪的氧化，因此氧气和二氧化碳对种子寿命会产生一定程度的影响。如减少氧气，甚至达到完全缺氧，除可窒死害虫外，同时还可延缓种子的生命活动，从而延长种子的储藏寿命。由于储藏条件中尚有温度和水分，故气体对种子的作用还与水分和温度等因素有关。美国国家种子储藏实验室对不同种类气体影响种子的寿命进行了研究，其中有绛三叶和高粱，他们将种子的水分调节到 4%、7% 和 10%，分别密闭在空气、真空、二氧化碳、氮气、氦气和氩气中，储藏温度为 −12℃、−1℃、10℃、21℃ 和 32℃，8 年后进行发芽试验。结果表明储藏温度为 10℃，原始水分含量为 10%，真空、二氧化碳、氮气、氦气和氩气有利于绛三叶种子生活力的保

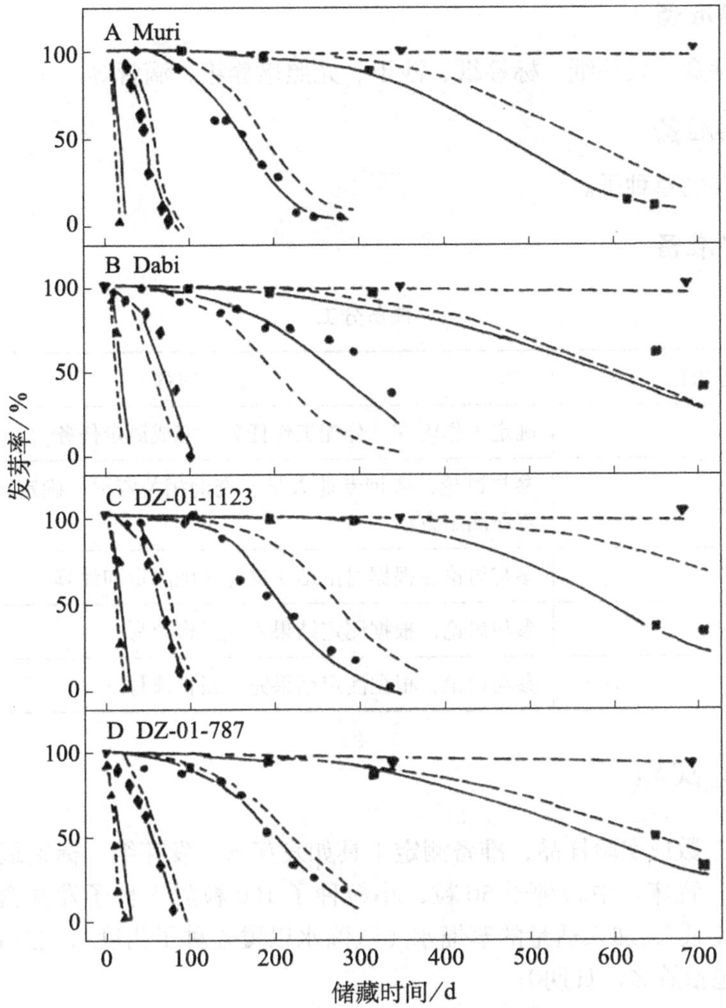

图 6-1-2　密封储藏（含水量 17.0% ~ 17.2%）埃塞俄比亚的画眉草（Zewdie 和 Ellis,1991）

4 个品种 A（Muri）、B（Dabi）、C（DZ-01-1123）、D（DZ-01-787）在 0℃（▼）、10℃（■）、20℃（●）、30℃（◆）和 40℃（▲）温度条件下的寿命曲线（实线为测定结果，虚线为寿命方程预测结果）。

存。在 21℃的储藏温度下，原始含水量为 10%，真空、氦气和氩气中的种子发芽率下降较小。

3. 种子寿命的测定及其与农业生产的关系

种子寿命的测定：从收获开始，每隔一定时间测一次发芽率，计算从种子收获到发芽率降至 50% 的置床时间。

种子作为最重要的农业生产资料，其寿命的长短与农业生产密切相关，种子寿命长，可减少繁种次数，降低生产费用、提高种子质量；合理调节余缺，减少报废损失；有利于品种资源长期保存；减少病虫为害。

- **工具准备**

种子发芽盒、发芽纸、标签纸、沙子、光照培养箱、滴管等。

- **材料准备**

测定需要的草种子。

- **人员准备**

任务分工

任务角色	任务内容
组长：	确定工作内容，分配工作任务，完成测定任务
组员 1：	参与讨论，咨询专业人员、查询相关资料，确定正确的草种子寿命测定方法
组员 2：	参与讨论，根据讨论结果进行正确测定和计算
组员 3：	参与讨论，根据测定结果完成报告填写
组员 4：	参与讨论，根据测定结果完成报告填写

任务实施

步骤一：数取实验样品，准备测定工具如发芽盒、发芽纸、标签纸、水等。

步骤二：置床。中粒种子 50 粒，小粒种子 100 粒放入种子发芽盒（发芽盒中预先放好发芽纸），加入适量的蒸馏水（蒸馏水以覆盖种子为度），然后在发芽盒上贴好标签（包括姓名、日期）。

步骤三：放入光照培养箱中，调至适宜的温湿度。

步骤四：观察记录。每天观察记录已发芽种子数目，并将已发芽种子用镊子取走，每天给发芽盒中的种子换新水。

步骤五：结果计算。计算出发芽率、发芽势。

任务检测

请扫码答题。

任务评价

工作活动完成过程评价

班级：＿＿＿＿＿＿　　组别：＿＿＿＿＿＿　　姓名：＿＿＿＿＿＿

项目	评分标准	自我评价	小组评价	教师评价
置床（30 分）	种子布局情况（10 分）			
	蒸馏水加入量（10 分）			
	是否贴标签（10 分）			
培养（30 分）	温度设置合理（10 分）			
	湿度设置合理（10 分）			
	光照强度、时长设置合理（10 分）			
活动完成过程（30 分）	能够根据工作任务资料分析并制订工作计划（5 分）			
	认真思考，积极动手、动脑（5 分）			
	积极参与小组合作与交流，配合默契，互帮互助（5 分）			
	通过小组讨论与再学习完成工作任务（5 分）			
	具有认真严谨的科学态度（10 分）			
活动效果（10 分）	整体的效果（很好为 10 分；较好为 7～9 分；一般为 3～6 分；较差为 0～2 分）			
合计				
自我评价与总结				
教师点评				

任务二 草种子储藏

任务导入

A 公司现购买了一批草种子，需要进行储藏，请按照草种子储藏标准、规范，进行储藏，并在储藏期间对草种子定期进行检查。要做好储藏管理，需要深入理解种子形成过程中各营养物质的动态变化过程及自然规律，从辩证法量变和质变的辩证关系进行剖析，量变是质变的必要准备，质变是量变的必然结果。种子形成过程如此，求学过程亦是如此，平时的学习需要脚踏实地，注重积累，厚积薄发。

任务准备

• 知识准备

自种子生理成熟后，种子活力便开始发生下降的不可逆变化，这些不可逆变化的综合效应就会导致种子老化或劣变，其结果导致活力下降，亦即发芽率、种苗生长势及植株生产性能的下降。劣变的过程中，种子内部发生一系列的生理生化变化，变化速度取决于种子收获、加工和储藏条件。了解影响种子储藏的因素并进行种子科学储藏管理，使储藏的种子尽可能在长时间内保持较强的生命力，以确保种用价值。

1. 种子的呼吸

有生活力的种子时刻进行着呼吸作用，即使非常干燥或处于休眠状态的种子，其新陈代谢也并未停止，只有当种子丧失生命力时呼吸作用才停止。

种子的任何生命活动过程都与呼吸作用密切相关，呼吸过程为种子提供了生命活动所需的能量，使有机体的生化反应和生理活动得以正常进行。因此，种子的呼吸作用是种子生命活动的集中表现。

种子的呼吸作用根据是否需要外界氧气的参加而分为两类。一类为有氧呼吸，需外界氧气参加，通过三羧酸循环和细胞色素氧化系统将物质彻底分解，释放出大量能量。一个葡萄糖分子经过有氧呼吸，分解后可释放 2 870 kJ 的能量；另一类为无氧呼吸，不需外界氧气参加，经糖酵解和发酵过程将物质不彻底分解，变成酒精或乳酸等，释放出的能量要大大低于有氧呼吸。种子在储藏过程中，两种呼吸方式常常同时存在。在通风透气条件下，以有氧呼吸为主。在密封条件下，以无氧呼吸为主。

储藏种子的呼吸强度及影响因素。

（1）呼吸强度

单位时间内，单位重量种子（以干重计）呼吸作用所释放的二氧化碳量（或吸收的氧气量）称为种子的呼吸强度。种子的呼吸强度是种子呼吸强弱的量度，也是其生命活动强弱的量度，处在旺盛生命活动中的种子是不耐储藏的。因此，呼吸强度也是种子能否安全储藏的一项重要指标。

（2）影响种子呼吸强度的因素

种子呼吸强度的大小，因草种、品种、收获期、成熟度、种子大小、完整程度和生理状况而不同，同时还受环境条件的影响，尤其受水分、温度和通气状况影响。

①水分。呼吸强度随着种子含水量的增加而变大。干燥种子呼吸作用非常弱，潮湿种子呼吸作用很旺盛。种子内含水分越多，储藏营养物质的水解越快，呼吸作用越强烈，氧气消耗越大，放出的二氧化碳越多。

②温度。种子的呼吸作用随温度的升高而加强，尤其是在含水量高的情况下，呼吸作用随着温度的升高不断增强。但这种增强受一定温度范围的限制，超过正常生物学温度，呼吸作用可迅速降低。水分和温度是影响种子呼吸作用的重要因素，并且两者是相互制约的。干燥的种子即使在高温下，其呼吸作用也比潮湿种子在同样温度下低得多；同样，潮湿种子在低湿条件下的呼吸强度比在高温下亦小得多。因此，干燥和低温是种子安全储藏和延长寿命的必要条件。

③通气状况。种子堆的通气状况也影响种子的呼吸强度和呼吸方式。种子的呼吸强度总是通风条件下比密闭储藏大。种子的含水量大、温度高，通风强度大，呼吸强度越大。高水分种子若处于密闭储藏条件下，旺盛的呼吸会很快将种子堆或袋内间隙的氧气耗尽，而转向缺氧呼吸，结果引起有毒物质积累，从而导致种子加速死亡，所以高水分含量的种子要注意通风；而含水量低于临界水分的干燥种子，由于呼吸作用非常微弱，对氧气的消耗慢，密闭储藏可长期保持种子生活力。

④遗传性。蛋白质、油脂类种子的呼吸强度大于淀粉类种子；种子的胚大或者胚占整粒种子的比例大，呼吸强度就大；杂交种的种子呼吸强度高于常规种的种子；果壳坚韧的硬实类种子、休眠期长的种子其呼吸强度均小于一般种子。

⑤种子质量。种子的成熟度、完整性、健康状况、受潮状况等均影响到种子呼吸强度的大小。成熟度低（瘪粒）、破损率高、感染病虫、受冻、受潮的种子，其呼吸强度要大于完好种子；新种子的呼吸强度要大于陈旧种子的呼吸强度。

⑥仓虫。仓虫的呼吸发热也间接影响种子的呼吸强度。昆虫的耗氧量为等量植物的 130 000 倍，栖息密度越高，氧的消耗量越大。有仓虫的情况下贮藏，氧气随温度增高而减少的速度很快。随着仓内二氧化碳的积累，仓虫会窒息而死亡。在密闭条件下，由于仓虫自身的呼吸，氧气浓度自动降低，阻碍仓虫的继续发生，起到自动驱虫的作用。

2. 微生物对储藏种子的影响

（1）储藏种子中微生物的来源及种类

种子的表面都聚集着大量的微生物，大体可分为附生、腐生和寄生 3 种。大部分以寄附在种子外部为主，多属于异养型。种子上微生物从细胞形态上分主要有 4 类：细菌类、霉菌类、酵母菌类和放线菌类。

种子中的微生物从其来源而言，可概括为田间（原生）和储藏（次生）两类，前者主要指种子收获前在田间所感染和寄附的微生物类群，其中包括附生、寄生、半寄生和腐生微生物（真菌）；后者主要是种子收获后，以各种不同的方式，在脱粒、运输、加工及储藏期间，传播到种子上的一些广布于自然界的霉腐微生物群（真菌）。在有限的水分条件下（干种子）田间微生物不能正常生长，而储藏微生物在干燥的条件下生长良好，并能侵入种子，损害储藏的种子。

种子储藏期间微生物区系的变化，主要取决于种子的含水量、种子堆的温度、湿度和仓储环境中的通气状况以及在这些环境中微生物的活动能力。新鲜种子中，通常以附生细菌为最多，其次是田间真菌，而霉菌类的比重很少。正常情况下，随种子储藏时间的延长，其总菌量逐渐降低，其菌量将会被以曲霉、青霉等为代表的霉腐微生物取代。储藏真菌增加越多，田间真菌减少或消失越快，种子的品质也就越差。在失去储藏稳定性的种子中，微生物区系的变化迅速而剧烈，以曲霉、青霉为代表的霉腐菌类，迅速取代正常种子上的微生物类群，旺盛地生长起来，大量地繁殖，同时伴有种子发热、生霉等一系列种子劣变症状的出现。

（2）微生物对储藏种子的影响及其控制

①对种子生活力的影响。微生物侵入种子往往从胚部开始，因胚部化学成分中含有大量亲水基，所以胚部水分远比胚乳部分高，而且营养物质丰富，保护组织也较薄弱。种胚是种子生命的中枢，一旦受到微生物损害，其生活力随之消失。霉菌对种胚的伤害力较强，种子储藏过程中，种子发芽率总是随着霉菌在种子上的出现率的增加而下降，以致完全丧失。微生物引起种子发芽率降低和丧失的原因有：

A. 微生物直接侵害和破坏种胚组织；

B. 某些微生物可分泌毒素，毒害种子；

C. 微生物分解种子内含物，形成各种有毒有害物质，造成种子正常生理活动障碍。

②引起种子的升温和霉变。微生物在适宜的条件下，利用其自身分泌的酶类分解种子的贮存物质，破坏种子的完整性，侵入种子内部，导致种子霉变。由于微生物在储藏种子中的迅速生长，使种子堆温度不断升高，范围在 40～60℃，含水量高或含破损种子比例大的种子堆温度升得更高。随温度的升高，微生物的繁殖速度加快，在胚部或破损部位形成菌落，造成种子的霉烂和腐败，失去利用价值。

③种子霉变的控制。种子储藏在干燥场所之前必须先经干燥，将其水分降低到安全水平，这是控制由真菌引起储藏种子变质的主要方法。当种子水分低至安全水平之下再仓储于 65% 或更低的相对湿度环境时，大多数储藏真菌不能侵害种子，但有些旱生型的真菌可侵染含水量稍高的种子。

3. 仓虫对储藏种子的危害及控制

（1）仓虫对储藏种子的危害

仓虫与微生物一样，也是储藏种子遭受损害的重要原因之一。与储藏种子有关的昆虫有数百种，但只有 50 多种会为害种子的储藏，而在这 50 多种中，仅有 10

多种会造成种子严重的损害，包括米象、谷象、小谷长蠹虫、麦蛾、大谷盗、锯谷盗等。象鼻虫能咬穿种皮并损坏胚乳，其他仓虫则侵害种胚，这样将使种子的发芽潜力降低或全部丧失。仓虫为害种子的状况与虫种及其生活习性有关，有的害虫能将整粒种子蛀食一空，有的仅能蛀食破碎籽粒；有的害虫能吐丝结网，把种子连接成团状，然后躲藏在其中蛀食种子；还有些害虫能使种子堆发热。另外害虫的尸体、排泄物、皮屑以及丝网等物也会影响种子的质量。有些善飞的仓虫能迁移到未曾感染过的种子储藏区。

种子也可从感染的储藏装置或收获前的田间受到侵染。沙打旺实蜂在盛花期产卵于花的子房内，幼虫以乳熟种子的内含物为食，致使种子成熟期仅剩空壳。受害的沙打旺种子外皮凸凹不平，无光泽，轻压即破碎后溢出咖啡色液汁，种皮上有黑色斑沉积实为幼虫粪便的沉着点。

（2）仓虫的控制

控制仓虫的措施首先是设法尽量把侵染了虫害的种子清除掉。种子应严格进行清选，并将清选出来的残余物销毁，以防这些种子产生自生植株给害虫提供寄主。收获后清理大田害虫，减少害虫侵染源。其次是利用自然或人工的高温、低温及光、声、射线等物理因素，破坏仓虫的生殖、生理机能及虫体结构，使之失去生殖能力或直接被消灭。再者是彻底清理和熏蒸所有搬运种子的设备、种子容器和储藏场所，必要时可用杀虫剂。对有些害虫，在储藏前或储藏期间进行种子熏蒸，以达到严格控制的目的。种子熏蒸务必十分谨慎，有些熏蒸剂在某些条件下会伤害种子生活力。研究发现，苜蓿、三叶草、玉米、燕麦、黑麦、猫尾草等种子，可用二氯乙烷、甲酸异丙醋、氯代异丁烷、三氯乙烯最低致死浓度的两倍进行处理，其种子生活力并不严重下降，但环氧乙烷和氯代醋酸甲醇等则严重降低发芽率。溴甲烷是一种广泛运用于控制仓虫的熏蒸剂，以干燥种子低温和低气体浓度熏蒸为安全，对种子生活力的影响较小。

4. 种子的储藏库

（1）种子仓库的基本特点

①防水。种子储藏库绝对不允许雨、雪、地面积水或其他任何来源的水与种子接触。储藏期间种子水分太高会加快呼吸作用，导致发热和霉菌生长，有时会促使种子萌动，这些都会降低种子的品质。种子仓库建筑的屋顶和墙壁上，必须消除小洞和裂缝，否则雨水和雪水将进入仓库。木制板壁和屋顶上的裂缝和节孔必须填补，金属建筑物上的所有螺栓、螺钉都应加橡皮垫圈。土壤中的水分与种子接触后易被种子吸收，因此仓库建筑必须设置防水层的地板（地坪）。一般用沥青或油毡作地坪。仓库内墙面在种子堆高以下要刷沥青防潮。

②防杂。各种种子，特别是不同品种的种子间不易区别，所以每个种子批在储藏时须防止其他种子批的种子混入，储藏库中对于散装储藏的种或品种必须单独分开储藏，防止混淆。包装储藏的种或品种必须分别堆垛，种子也可放在集装箱内。所有的袋、箱和仓库必须细心地且明显地贴有标签。

③防鼠、防虫、防菌。仓库必须采取鼠类预防措施，减少鼠类采食和拖散混杂

种子。金属和水泥建筑通常能提供很好的防鼠措施。仓库中应堵塞鼠类的进路，如墙壁和地板的裂缝、洞眼和未加网罩的气孔。仓内配备盖子紧密的铁柜也可具有防鼠性能，布袋也可经过处理来预防鼠害。一座完善的仓库应使其中部分或全部在任何时候都可进行熏蒸，以控制害虫。每次仓库出空后进行彻底清理和熏蒸消毒，可使害虫减少到最低限度。袋装或箱装的储藏场地应经常保持清洁，消灭害虫滋生的场所。

真菌在潮湿、温暖的条件下生长最适宜，因此仓库建筑应保持低温、干燥的条件。仓库建筑的通风设备对防止水分的积累是必要的。仓库内温度的差异会引起水汽从温高处向温低处移动，通常是从种子堆内移向种子堆表面，这种水分的移动能给真菌的生长提供适宜的条件，仓库内采取通气措施可防止这种水分的累积，冷藏也可减缓水分的这种累积。

④防火。木制仓库火灾的隐患最大，作为种子仓库的木材要进行化学处理防止燃烧，木制建筑的内部和周围进行清洁处理，可减少火灾的危险。所有仓库建筑物，要配备专门的防尘、防火的电源插头和开关，可减少因电引起着火的机会。虽然金属和水泥建筑能够防火，但这种建筑中也应安装电路起火预防设备，因火花可能引起灰尘的爆炸和着火。温度和湿度特别高的地区，为了保持种子的品质，防止种子堆发热或起火，应控制仓库的温度和湿度。

（2）种子仓库的类型

①普通储藏库。普通储藏库利用换气扇来调节库内温度和湿度。这种储藏库的种子可储藏 1～2 年。普通储藏库要坐北朝南，要有良好的密封和通风换气性能。通风换气是根据冷气对流原理进行的，因此，库门、库窗的位置应是南北对称。窗户以钢质翻窗最好，有利于开关，而且严密可靠。窗户的位置高低适中，过高至屋檐影响通风透光，过低则影响库的利用率。

普通储藏库应选择在地势高、气候干燥、冬暖夏凉的地区或场地，严防库址积水或地面渗水。库址应选在居民稀少、周围无高大建筑的地方，以利仓库的透风换气。普通库的储藏时间短，需要频繁运输，储藏库应选择在交通方便的地方，便于种子的调运。

②冷藏库。装有冷冻机和除湿机以调节库内温度和湿度的种子储藏库，一般可储藏 3～4 年或更长一些。冷藏库为了隔绝外界的热源和水分，种子储藏室的墙壁、天花板和地板都必须能够很好地隔热和防潮。地板隔离材料通常要铺设一层热沥青的地基，隔热材料有纤维玻璃、泡沫喷涂、苯乙烯泡沫塑料等。天花板和墙壁通常用 1～3 cm 或更厚的水泥灰料涂上。

冷藏库不能开设窗户，门也必须很好地隔热和密封。大多数种子冷藏采用强制通风，使冷空气流过冷却旋管，然后分布到整个冷藏库内。大面积的房间则由管道系统使冷空气均匀分布于整个冷藏库。大部分冷藏库采取机械冷冻系统，冷藏库常常用液态或固态干燥剂的除湿器与冷冻过程相结合，或采取冷冻型除湿器吸引潮湿热空气，排到室外。

③草种质资源库。以保存草种质资源为目的的储藏库，一般以储藏种子为主。

美国、中国、日本都有大型种质资源储藏库。采用现代化的科学技术，建设低温、干燥、密封等理想储藏条件下的种子储藏库，用以长期保持各种种质生活力而不衰。依据条件可保存种子生活力达到几十年、几百年乃至几千年。在长期储藏过程中，种子材料每隔 10 年、20 年或 30 年更新 1 次。

种质资源储藏中根据储藏年限的长短分为长期库、中期库和短期库。

A. 长期库。亦称基础库，温度介于 −20℃ ±1℃，湿度小于 50%，种子可以“存活” 50～100 年。长期库的重要特点是作保险性储藏，一般不对育种家作资源分发，除非该资源无法从任何一个中期库取得。长期库作为核心库，肩负着种业战略资源长期保存的重任，入库后的种子，每隔 5～10 年，都要进行芽率监测，芽率降低的种子需要及时繁殖更新再保存。“通过这种特定的种子保存方法，可以让大部分物种的种子保存几十年到几百年，甚至上千年。”

B. 中期库。亦称活期库，此类库为数众多，其储藏条件是温度不高于 15℃，种子含水量在 9% 左右，种子的储藏寿命为 10～20 年，此类种质库对育种家分发育种材料。

C. 短期库。温度 10～15℃，相对湿度 50%～60%，储藏期为 1～3 年。

5. 种子储藏期间的管理

种子是活的有机体，在储藏期间会发生许多变化，为了保持种子生活力，延缓储藏种子的衰老，储藏期间的管理是至关重要的（表 6-2-1）。

（1）入库前的准备及入库

对尚在储藏种子的仓库进行整理和清理，清除散落的异种和异品种的种子以及杂质和垃圾等。凡用来盛装种子的容器、木箱和麻袋都要进行彻底清理。还要清除虫窝和补漏洞，然后进行药物消毒。消毒方法常采用喷洒药物和熏蒸。空仓消毒常用的药物有敌敌畏和马拉硫磷。用敌敌畏消毒时，每立方米用 80% 的敌敌畏乳油 100 mg，方法为：将 80% 的敌敌畏乳油 1～2 g 兑水 1 kg，配成 0.1%～0.2% 的稀释液喷雾，或将敌敌畏药液洒在麻袋上挂起来熏蒸。施药后密闭门窗 48～72 h，然后通风 24 h，方可入库。此外，还要检查储藏库的防鸟、防鼠措施。

入库前的种子要进行种子的清选、干燥和质量分级，使种子含水量控制在安全水分含量的范围内。根据产地、收获季节、含水量、净度等分批包装，注明种子的产地、收获期、种类、审定级别、质量指标、种子批号等。

入库种子根据储藏目的、仓库条件、种子种类及种子数量等情况进行堆放，一般的堆放形式有袋装堆放和散装堆放两种。

①袋装堆放。为管理和检查方便，堆垛时应距离墙壁 0.5 m，垛与垛之间相距 0.6 m，留操作道，垛高和垛宽根据种子干燥程度和种子状况而增减。含水量高的种子，垛越狭越好，便于通气散去种子内的水汽和热量。干燥种子可垛宽些。堆垛的方向应与库房的门窗相平行，有利于空气流通。

②散装堆放。在种子数量多、仓容不足或包装工具缺乏时，多采用此法，适宜存放充分干燥、净度高的种子。

（2）种子堆内温度和水分变化规律

①种子堆温度和水分的日变化。开放储藏条件下的种子，种温在一昼夜间的变

化叫日变化。在北方地区，通常种温以每日6—7时最低，以后逐渐上升，17—18时最高，以后又逐渐下降。9时左右仓库温、种温、气温达到一致。种温的日变化不明显，仅对散装堆放种子堆表层15 cm左右和沿壁四周有影响，变化幅度一般在0.5～1.0℃，距表面30 cm以下几乎无变化。种子水分受空气湿度影响较大，变化也较快，以每日2—4时最高，16—18时最低，变化范围在种子堆表面15～20 cm处，30 cm以下影响较小。

②种子温度和水分的年变化。开放储藏的种子其种温一年之中的变化称为年变化。种温的年度变化较大，在正常情况下，随着气温的升降而相应地升降。在气温的上升季节（3—8月），种温也随着上升，但种温低于仓温和气温；在气温下降季节（9月至翌年2月），种温也随着下降，但高于仓温和气温。种温升降的速度一般要比气温慢半个月至1个月。

种温的变化在种子堆各层之间也比较明显，各层之间变化的幅度受种子堆的大小、堆放方式（袋装或散装）、库房构造严密度及草种类等影响。小型种子堆、袋装堆放、大粒种子及库房密闭性能差，种温随气温变化较快，各层次间的温差幅度也较小，基本上随气温在同一幅度内升降；反之，种温随气温变化较慢，各层次间的变化也较明显。种子堆温度在夏季上层＞中层＞下层，冬季下层＞中层＞上层，5—6月和11—12月各层的种温很接近，7—9月和1—3月各层种温变化较剧烈。

种子堆内的水分主要受大气相对湿度的影响而变化。正常情况下，低温和雨季的种子水分较高，其他季节种子水分较低。各层次种子水分变化各不相同，上层变化大，影响深度一般在30 cm左右，而其表面的变化尤为突出，中层和下层的变化较小。下层近地面15 cm左右的种子易受地面的影响，种子水分上升较快，故表面和近地面的种子受大气湿度影响较大。

（3）储藏期间种子的检查

种子的生命活动影响着仓内环境的变化，同时外界环境的变化也影响着种子堆温度和湿度的变化。为了使种子安全储藏，在储藏期间要定期检查仓内影响种子的各种因素，以便及时处理。

①种温的检查。种温的变化一般能反映出储藏种子的安全状况，而且检查方法简单易行。检查温度的仪器有曲柄温度计、遥测温度计和杆状温度计等。检查种温需要划区定点，如散装种子在种子堆10 cm面积范围内，分成上、中、下3层，每层5个检查点，共15处。包装种子则用波浪形设点的测定方法。如种子堆面积超出100 m^2时，要增加检查点。另外，对有怀疑的区域，如靠墙壁、屋角、近窗处以及有漏水渗水部位，应增加辅助点。1 d内的检查时间以上午9—10时为好。入库半月内每3 d检查1次，以后每隔7～10 d查1次。

②种子水分的检查。根据种子水分的变化规律，检查时仍需划区定点，一般散装种子以25 cm为一小区，分3层5点，设15个检查点取样。各点取出的种子混合后进行分析。对有怀疑的检查点，所取出的样品应单独分开。分析方法先用感官法，通过种子色泽、潮湿与否、有无霉味、是否松脆，确定是否需要进行仪器检查。检查周期，一年中第一、第四季度每季1次，第二、第三季度每月1次。

③仓库害虫及鼠雀检查。仓库害虫随温度的变化而迁移，春季移向南（偏东）面 0.33 m 以下的部位，夏季多集中在种子堆表面，秋季移向靠北（偏西）0.33 m 以下的部位，冬季则移向种子堆 1 m 以下的部位。冬季温度低，害虫为害少，春季气温回升，为害逐渐增大，秋季气温下降，为害逐渐减少。

一般采用筛检法，把虫子筛下来，分析害虫的种类及活虫头数。筛检害虫的周期，可根据气温、种温而定。一般冬季温度在 15 ℃以下，每 2～3 个月检查 1 次，春、秋温度在 15～20 ℃时，每月检查 1 次，温度超过 20 ℃，每月检查 2 次，夏季高温期，则每周检查 1 次。

另外，注意鼠雀的检查，看仓库及种子堆旁有没有粪便、爪印、死尸及咬食的碎片、破碎的种子等。

④发芽率检查。种子在储藏期间，其发芽率因储藏条件和储藏时间不同而发生变化。对种子进行定期发芽检查十分必要。根据发芽率的变化情况，及时采取措施，改善储藏条件，以免造成损失。一般情况下，种子发芽率应每 4 个月检查 1 次，在高温或低温之后，以及药剂熏蒸之后都应检查 1 次，最后一次检查不得迟于种子出库前 10 d。

⑤设施检查。检查地坪、仓顶、门窗、防雀网防鼠闸等有无问题。

⑥检查结果。每次检查的结果必须详细记录和保存，以备前后对比分析参考，有利于发现问题，及时改进工作。

（4）储藏种子的合理通风

普通种子储藏库的种子入库后，无论是长期储藏还是短期储藏，都要在适当时候进行通风。通风可以降低温度和水分，使种子保持较干燥和较低温度，有利于抑制种子生理活动和害虫、霉菌等的危害，也可维持种子堆内温度的均衡性，不至于因温差而发生水分转移；仓内药物熏蒸之后，也须经过通风才能排除毒气；对有发热症状或经过机械烘干的种子，则更需要通风散热，一天当中利用早晨或傍晚低温时间通风。按照在仓外温、湿度低于仓内的温、湿度时必须通风的原则进行仓库通风。种子堆内发热时要通风。在一年之中气温上升季节的 3—8 月，气温高于种温通常不宜通风，以密闭库为主，这样可延长仓内低温时间；在气温下降的 9 月至翌年 2 月，气温低于种温时，以通风储藏为主，通常采用自然通风和机械通风的方法对储藏种子进行通风降低仓库温度和湿度。

知识链接 6-2-1

仓库类型

• 工具准备

种子储藏仓库、装卸运输设备、机械通风设备、熏蒸设备、温湿度仪、筛子等。

• 材料准备

需要储藏的种子等。

表 6-2-1 仓储种子情况记录表

<table>
<tr><th rowspan="3">品种名称</th><th rowspan="3">入库年月</th><th rowspan="3">种子数量</th><th rowspan="3">检查日期</th><th rowspan="3">气温 /℃</th><th rowspan="3">仓温 /℃</th><th colspan="15">种温 /℃</th><th rowspan="3">种子水分 /%</th><th rowspan="3">种子纯度 /%</th><th rowspan="3">发芽率 /%</th><th colspan="4" rowspan="2">害虫 /（头 /kg）</th><th>检验员</th></tr>
<tr><th colspan="3">东</th><th colspan="3">西</th><th colspan="3">南</th><th colspan="3">北</th><th colspan="3">中</th><th rowspan="2"></th></tr>
<tr><th>上层</th><th>中层</th><th>下层</th><th>上层</th><th>中层</th><th>下层</th><th>上层</th><th>中层</th><th>下层</th><th>上层</th><th>中层</th><th>下层</th><th>上层</th><th>中层</th><th>下层</th><th></th><th></th><th></th><th></th></tr>
<tr><td></td><td></td><td></td><td></td><td></td><td></td><td></td><td></td><td></td><td></td><td></td><td></td><td></td><td></td><td></td><td></td><td></td><td></td><td></td><td></td><td></td><td></td><td></td><td></td><td></td><td></td><td></td><td></td><td></td></tr>
<tr><td colspan="29">处理意见：</td></tr>
</table>

• 人员准备

任务分工

任务角色	任务内容
组长：	查询相关资料，在专业人员指导下，任确定工作内容，制定工作计划，分配工作任务
组员 1：	参与讨论，咨询专业人员、查询相关资料，确定正确的种子 储藏方法及储藏期间的检查方法
组员 2：	参与讨论，根据讨论结果进行现场观摩草种子正确储藏条件
组员 3：	在专业人员指导下，根据讨论结果完成储藏期间种子的各项检查
组员 4：	现场观摩实施，完成报告填写

任务实施

步骤一：提前清扫种子储藏仓库，清除虫窝和补漏洞，然后进行药物消毒。消毒方法常采用喷洒药物和熏蒸，然后通风 24 h。此外，还要检查储藏库的防鸟、防鼠措施。

步骤二：将预先进行过清选、干燥和质量分级的种子入库，根据需要可袋装堆放和散装堆放。

步骤三：调试好储藏库的温度，启动机械通风设备、温湿度仪器等。

步骤四：定期按要求检查库内温度、水分、仓库害虫、鼠雀等，每次检查的结果必须详细记录和保存，以备前后对比分析参考，有利于发现问题，及时改进工作。

任务检测

请扫码答题。

任务评价

工作活动完成过程评价

班级：__________ 组别：__________ 姓名：__________

<table>
<tr><th>项目</th><th>评分标准</th><th>自我评价</th><th>小组评价</th><th>教师评价</th></tr>
<tr><td rowspan="3">种子储藏准备（30分）</td><td>种子入库的标准（10分）</td><td></td><td></td><td></td></tr>
<tr><td>仓库的准备（10分）</td><td></td><td></td><td></td></tr>
<tr><td>堆放方式（10分）</td><td></td><td></td><td></td></tr>
<tr><td rowspan="3">种温检查（30分）</td><td>检查点设置合理（10分）</td><td></td><td></td><td></td></tr>
<tr><td>袋装种子检查方法（10分）</td><td></td><td></td><td></td></tr>
<tr><td>散装种子检查方法（10分）</td><td></td><td></td><td></td></tr>
<tr><td rowspan="5">活动完成过程（30分）</td><td>能够根据工作任务资料分析并制订工作计划（5分）</td><td></td><td></td><td></td></tr>
<tr><td>认真思考，积极动手、动脑（5分）</td><td></td><td></td><td></td></tr>
<tr><td>积极参与小组合作与交流，配合默契，互帮互助（5分）</td><td></td><td></td><td></td></tr>
<tr><td>通过小组讨论与再学习完成工作任务（5分）</td><td></td><td></td><td></td></tr>
<tr><td>具有认真严谨的科学态度（10分）</td><td></td><td></td><td></td></tr>
<tr><td>活动效果（10分）</td><td>整体的效果（很好为10分；较好为7～9分；一般为3～6分；较差为0～2分）</td><td></td><td></td><td></td></tr>
<tr><td colspan="2">合计</td><td></td><td></td><td></td></tr>
<tr><td>自我评价与总结</td><td colspan="4"></td></tr>
<tr><td>教师点评</td><td colspan="4"></td></tr>
</table>

任务三　草种子运输

任务导入

A 公司出售了一批草种子，需要运输到种植地。需严格按照草种子运输要求，进行运输。因为草种子是有生命的草业生产材料，在运输的过程中，不能受到风吹、雨淋、高温等侵害，这就要求种子的运输必须有适宜运输的环境和安全的运输工具。种子运输容易造成混杂，所以运输的时候一定要格外注意，不同品种的种子不要堆放在一起。我们要在运输的过程中树立严谨规范、一丝不苟、认真细致、坚持标准的工作态度，平时的学习、生活中也需注重细节、严谨务实。

任务准备

• 知识准备

种子运输可认为是一种短期的储藏。如果包装和运输不当，则运输过程中很容易导致种子品质降低，甚至使种子丧失活力。因此，种子运输之前，要根据种子类型进行适当干燥，或保持适宜的湿度。要预先做好包装工作，运输途中防止高温或受冻，防止种子过湿发霉或受机械损伤，确保种子的活力。种子运输之前，包装要安全可靠，并进行编号，填写种子登记卡，写明草种的名称和种子各项品质指标、收获地点和时间、每包重量、发运单位和时间等，卡片装入包装袋内备查。大批运输必须指派专人押运。到达目的地要立即检查，发现问题及时处理。

1. 种子运输的特点

（1）种子调运季节性强

由于种子生产的季节性，其运输的淡旺季分明。一般地，各地均有种子集中调运的季节，在此季节之外，多不会进行种子的运输，这就为种子的运输管理提供了方便。种子公司与运输部门应根据农事季节进行运输，把农民生产上所需要的种子及时运到目的地，不违农时地供应给农牧民。

（2）对运输条件与工具的要求严格

由于种子是有生命的农业生产资料，其生命活力的保持要求在运输过程中必须有适宜的运输环境作保证。如果在运输过程中受到风吹、雨淋、高温等的侵袭，就会使种子丧失生命与出苗能力。因此，种子运输必须有适宜的运输环境条件与保障安全运输的运输工具。

（3）种子运输容易产生混杂

种子运输往往是由种子生产基地向销售地点和使用地点的运输，一般常规种子生产基地多在当地，而许多杂交种子生产基地则在外县或外省，一些专门生产杂交种子的地区，则是多个品种种子的集散地，从而容易引起品种间的混杂。

2. 种子运输的有关政策

制定政策时必须包括两个方面的内容：一是运输的时间保障；二是运输的安全保障。种子运输时间保障主要是保障种子的及时运输。由于农业生产的季节性强，政府应在种子调运时期对种子运输车辆与运输班次进行安排与计划，保证种子及时按计划运输；同时，各种子公司应在调种前做好种子调运的计划工作，提前与铁道部门联系，做好运输工作。另外，种子运输还包括救灾种子的运输，灾区农牧民对种子的需求往往比较急，时间非常紧迫，因此，对救灾种子应该突击抢运，以保证在最短的时间内把灾区农业生产所需要的种子运送到农牧民手中。

种子运输的安全保障是在时间保障的基础上，保障运输过程的安全，使种子在运输过程中不发生种子霉变或者质量降低的现象。种子安全运输应在一些环节上把关，一是运输车辆的规定，应保证运输过程中的温度与湿度不超过种子生命活力的基本要求，运输过程不发生雨淋日晒；二是运输周转过程应有专人负责，防止在出入库过程中造成混杂；三是运输过程中不同品种的堆放应科学有序。应制定有关种子安全运输的工作程序，保障运输过程的安全性与及时性。

3. 种子运输的管理

种子运输管理首先是对运输政策的执行与落实。作为政府部门，应协调好工商、税务与运输部门间的关系，使这些部门在种子调运过程中树立全局的观念，不为种子的调运设置任何人为的障碍，保障种子的安全及时运输。

其次，做好种子运输计划的制定与落实工作，并在各地制定种子生产计划时即考虑到运输，使种子生产基地分布合理，在保障种子生产量落实的基础上，使所生产的种子能够及时运输，从而减少种子生产与运输成本，促进种子事业的发展与农牧民对优良品种种子的积极采用。

第三，制定有关种子运输的管理条例与操作规范，使种子调运有法可依。种子运输的管理条例应涉及工商、税务、行政及运输部门，各部门应有相应的职责，使种子运输工作有章可循。种子运输部门凭《种子质量合格证》《植物检疫证》与种子准运证明，优先安排种子的运输。工商、税务与行政管理部门应对种子调运过程所涉及的有关手续给予积极配合办理。除此之外，种子公司应有专人负责种子的运输工作，并职责分明，奖惩分明，充分调动有关人员的积极性。

• 工具准备

运输需要的交通工具、包装袋等。

• 材料准备

需要运输的种子、种子登记卡、种子质量合格证、植物检疫证、种子准运证等。

知识链接 6-3-1

中华人民共和国种子管理条例

- **人员准备**

任务分工

任务角色	任务内容
组长:	咨询专业人员、查询相关资料，制定种子运输计划，分配工作任务，完成运输前的包装、各种相关证件的准备工作
组员 1：	参与讨论，咨询专业人员、查询相关资料制订种子运输计划
组员 2：	参与讨论，根据讨论结果制定有关种子运输的管理条例与操作规范
组员 3：	参与讨论，根据讨论结果完成运输前种子的包装
组员 4：	参与讨论，根据讨论结果完成种子运输工作

任务实施

步骤一：制订种子运输计划，包括运输时间、工具、路线等。

步骤二：制定有关种子运输的管理条例，确保种子运输责任到位、责任到人，监管到位。

步骤三：完成各种相关证件、车辆的准备、协调工作。

步骤四：完成运输前种子的包装。

步骤五：完成种子运输。

步骤六：运输到目的地后检查种子质量和数量。

任务检测

请扫码答题。

任务评价

工作活动完成过程评价

班级：__________ 组别：__________ 姓名：__________

<table>
<tr><th>项目</th><th>评分标准</th><th>自我评价</th><th>小组评价</th><th>教师评价</th></tr>
<tr><td rowspan="3">各种相关证件的准备（30分）</td><td>种子登记卡（10分）</td><td></td><td></td><td></td></tr>
<tr><td>种子质量合格证、植物检验证（10分）</td><td></td><td></td><td></td></tr>
<tr><td>种子准运证（10分）</td><td></td><td></td><td></td></tr>
<tr><td rowspan="3">种子运输计划的制订（30分）</td><td>具有科学性（10分）</td><td></td><td></td><td></td></tr>
<tr><td>具有合理性（10分）</td><td></td><td></td><td></td></tr>
<tr><td>具有可操作性（10分）</td><td></td><td></td><td></td></tr>
<tr><td rowspan="5">活动完成过程（30分）</td><td>能够根据工作任务资料分析并制订工作计划（5分）</td><td></td><td></td><td></td></tr>
<tr><td>认真思考，积极动手、动脑（5分）</td><td></td><td></td><td></td></tr>
<tr><td>积极参与小组合作与交流，配合默契，互帮互助（5分）</td><td></td><td></td><td></td></tr>
<tr><td>通过小组讨论与再学习完成工作任务（5分）</td><td></td><td></td><td></td></tr>
<tr><td>具有认真严谨的科学态度（10分）</td><td></td><td></td><td></td></tr>
<tr><td>活动效果（10分）</td><td>整体的效果（很好为10分；较好为7～9分；一般为3～6分；较差为0～2分）</td><td></td><td></td><td></td></tr>
<tr><td colspan="2">合计</td><td></td><td></td><td></td></tr>
<tr><td>自我评价与总结</td><td colspan="4"></td></tr>
<tr><td>教师点评</td><td colspan="4"></td></tr>
</table>

任务四　种质资源保护

任务导入

为了更好地了解草种质资源状况，开展草种质资源调查。本次调查目的是查清区域内草的种类、数量、分布地点、生长环境、生长特性与保护状况等情况相关信息。在草种质资源调查中，要以“时代楷模”复旦大学教授钟扬老师为榜样，学习他长期致力于生物多样性研究和保护，走遍青藏高原高海拔地区，为国家种质库收集了上千种植物的千万粒种子的精神。正如他所说：“一个基因可以拯救一个国家，一粒种子可以造福万千苍生。”钟杨教授取得的巨大成就，无一不体现其坚定信念、高尚情操和无私奉献的科学光芒，将激励一代代科研工作者继续努力工作，为国家做出伟大的贡献。

任务准备

- **知识准备**

1. 草种质资源保护的概念及重要性

种质是决定生物遗传性状，并将遗传信息从亲代传递给子代的遗传物质，又称遗传质。具有种质并能繁殖的生物体统称为种质资源或遗传资源。种质资源又称为原始材料、品种资源、基因资源和遗传资源。

植物种质资源在中国习惯称品种资源。包括古老的地方品种、栽培品种、新育成的品种和品系以及各种植物的突变体、稀有种和近缘野生种等。种质资源是在漫长的历史过程中，由于自然演化和人工创造而形成的一种重要的自然资源，它蕴藏着极为丰富的遗传资源，是发展农牧业生产和实现农牧业现代化的物质基础，种质资源保护工作是保护绿色资源和造福子孙后代的千秋大业。在育种目标明确的前提下，育种成效在很大程度上取决于种质资源的占有数量和对种质资源的研究质量。回顾国内外育种工作的历史，凡具有突破性的新品种的育成都来自于特异种质资源的发现和利用。正因为种质资源如此重要，世界各国都非常重视本国种质资源的保护。《种子法》明确规定：“国家依法保护种质资源，任何单位和个人不得侵占和破坏种质资源”，“国家对种质资源享有主权”。

种质资源是育种工作的物质基础，育种工作突破性的成就，取决于关键性基因资源的发掘与利用；种质资源是不断发展新植物的主要来源，实现新的育种目标，必须拥有更多的基因资源；种质资源是理论研究的重要材料。种质资源的多样性包含生态系统多样性、种间多样性和种内遗传多样性 3 个不同水平，其中生态系统多样性是种间和种内多样性的前提，现在植物种质资源在 3 个水平下，都面临严重危机。随着人口的增长，活动范围的扩大，对资源的需求越来越多，超过了有限环境的承受能力，逐渐造成生态环境的破坏和生物资源的流失。

2. 种质资源的类别

种质资源的种类繁多，按其来源和性质大体可分为 4 种类型。

（1）本地种质资源。本地种质资源是指在本地区经过长期的自然选择和人工选择形成的地方品种，包括古老的地方品种和当前推广的改良品种。本地种质资源具有高度的区域适应性。古老的地方品种一般指在局部地区内栽培的品种，多未经现代育种技术的遗传改良，但往往具有某些罕见的特性，如特别抗某种病虫害，特别的生态环境适应性，特别的品质性状以及具备一些目前看来尚不重要但以后可能有重要价值的特殊性状，过去可直接用于生产，现在作为育种材料。改良品种指那些经过现代育种技术改良过的地方品种，这类品种一般都具有较好的丰产性和较广的适应性，是现代育种的基本材料。

（2）外地种质资源。外地种质资源是指从其他国家或地区引入的品种或类型。它们反映了各自原产地区的生态和栽培特点，具有不同的遗传性状，其中有些是本地种质资源所不具备的，是改良本地品种不可缺少的基础材料。

（3）野生种质资源。野生种质资源主要指各种草的野生近缘种和有利用价值的野生植物。它们具有整体性状的不良性和个别性状的特异性，往往具有一般栽培草所缺少的某些重要性状，如顽强的抗逆性、独特的品质及雄性不育特性等，是培育新品种的宝贵材料。通过远缘杂交或转基因等育种手段可将这些特殊性状（基因）引入栽培草，使之具备野生草所拥有的特异性状。

（4）人工创造的种质资源。人工创造的种质资源指人工创造的中间材料或突变体。人类通过诱变、杂交等手段创造的各种突变体及其他育种材料，也称中间材料。这些材料不能在生产上作为品种直接利用，但具有某些优良性状，是培育新品种十分珍贵的原始材料，有很高的利用价值。

3. 草种质资源保护的考察与搜集

种质资源考察是查清和整理一个国家或一个地区范围内种质资源的数量、分布及特征特性的工作。中华人民共和国成立以来，特别是 1978 年以后，我国开展了多次不同规模的植物种质资源考察活动，先后对横断山地区，川东北地区、陕西大巴山地区以及三峡库区的植物种质资源进行了考察，发现了许多珍贵的植物种质资源。

种质资源搜集是指对种质资源有目的的汇集方式，包括普查、专类搜集、国内征集、国际交换等。

（1）种质资源搜集的对象

①目前正在栽培的品种。

②过去生产上栽培但现在已淘汰的品种。

③地方品种，尤其是那些濒临灭绝的优良稀有地方品种。

④栽培植物的野生近缘种以及对人类可能有潜在利用价值的野生植物。

⑤特殊的种质资源，如突变体育种系、纯合自交系、远缘杂交的中间类型等。

（2）种质资源搜集的原则

①全面性。搜集种质资源材料的种类要齐全，尤其是地方品种和野生种，它

们往往是类型很多的群体。考察时注意仔细观察，将观察到的植物种质材料都采集到。一些利用价值尚不明确的材料可能是珍贵种质，这些种质材料在搜集时不可遗漏。每份种质材料种子或繁殖材料搜集的数量，应根据任务和植物种类而定，通常一份种子搜集品要求有 200～2 500 粒。

②完整性。搜集的种质资源标本要求完整，特别是植物的花和果实，它们是植物学分类的重要依据。采集果树和木本观赏植物标本时，由于植株外形较大，不能采集完整植株，只采集完整的带花和果实的枝条即可。对于雌雄异株的植物，雌株和雄株分别采集。先开花后长叶的植物，要分两次采集标本。

③代表性。采集的每个标本、种子或无性繁殖材料，应来自群体植株，这样才能代表该种质资源的特征特性。要尽可能保持所搜集的每份材料能充分表现该种质资源的遗传变异度，同时应注意避免非遗传变异因素的干扰。采集的种子或无性繁殖材料，应是正常发育且充分成熟的。

（3）种质资源搜集的方法

①种质资源的征集。

A. 通过行政部门发公函征集。由行政机构印征集通知，统一表格，发往全国各地或某些特定地区，对征集工作提出具体要求，如搜集的种子量、标本数、标本大小、标本取材部位等。这是计划经济体制下的种质资源搜集方式。

B. 发函通信征集。植物遗传资源或育种工作者，通过媒介了解到新近育成的植物新品种、新类型或发现新材料后，及时而有目的地发函或通信联系，向有关单位或个人征集。

②种质资源的考察搜集。植物种质资源考察工作，必然伴随着种质资源的搜集。这是目前搜集和积累植物种质资源的主要方式之一。一般应针对重点地区及特定种类进行搜集，随着种质资源工作的发展，今后的种质资源搜集不限于国内重点地区，跨国界搜集活动将日益频繁，国际的种质资源考察搜集将开展广泛的合作。搜集的对象从过去主要以粮食与农业植物种质资源为主，转到更广泛的范围。森林植物、园艺植物、药用植物、牧草、生态草及芳香植物种质资源的搜集将日益受到重视。

（4）种质资源的整理

对收集的种质资源要及时进行整理、归类、将同种异名者合并，以减少重复；将同名异种者予以订正，给以科学的登记和编号。

进行简单的分类，确定每份材料所属的植物学分类地位和生态类型，以便对所收集材料的亲缘关系、适应性和基本的生育特性有个基本的认识和了解，为保存和做进一步研究及利用提供依据。

4. 种质资源的研究与利用

（1）种质资源的研究

种质资源的研究内容因草种不同而异，一般包括农艺性状（如生育期、形态特征和产量性状等）、生理特性（如抗逆性、抗旱性、抗寒性、抗虫性、抗病性等）、品质性状（如食用品质、加工品质等）。

（2）种质资源利用

在深入研究种质资源的基础上，对于筛选出的优良材料可根据其表现特点分别加以利用。丰产性、适应性好的材料，经过品种试验并获审定后，可以直接在生产上利用；对于继续分离的材料，可作为系统育种的原始材料，进行新品种的选育；对于有突出特点，能克服当地推广品种的某些缺点的种质资源，可以通过杂交、转基因等手段将优良性状导入推广品种，育成新品种。

5. 种质资源的保存

造成种质资源流失的因素很多，可归结为两个方面：一是自然因素，如沙漠扩大，以及兽类、昆虫、真菌和细菌类为害，都会引起物种消失；二是人类活动，如掠夺式开垦、砍伐森林、发展工业而破坏生存环境，以及对经济性状的单向选择，忽略其他性状。

（1）种质资源保存的原则

①种质资源经过保存后，必须保持各样本的生活力。

②保持原有的遗传变异度。

③维持样本的一定数量。

（2）种质资源保存的范围

①用于应用研究和基础研究的种质。

②可能灭绝的稀有种和已经濒危的种质，特别是栽培种的野生祖先。

③具有经济利用潜力但尚未被利用的种质。

④对普及教育有用的种质。

（3）种质资源保存的方式

①种植保存。根据不同类型种子和营养体生活力的长短，隔一定的时间在田间种植一次。材料多时，可进行轮换种植。种植保存需要注意种植条件尽可能与原产地条件相似，以减少由于生态条件的改变而引起变异；尽可能避免和减少天然杂交和人为混杂，以保持原品种或类型的遗传特点和群体结构。

②储藏保存。又叫种质库保存，用控制储藏条件（温度和湿度）的方法保持种质资源的生活力，是当今保存种质资源较为理想的条件，按储藏期可分为短期保存、中期保存和长期保存 3 种。

A. 短期保存。库温控制在 10～15℃，相对湿度在 50%～60%。种子用纸袋或布袋包装，一般可存放 5 年左右，作为临时应用材料，供鉴定、研究和分发。

B. 中期保存。库温 0～10℃，相对湿度在 50% 以下。种子用防潮材料包装并密封，种子水分在 8% 左右，可保存 15 年以上，保存种子主要是用作分发材料。

C. 长期保存。库温在 -20～-10℃，相对湿度在 30%～50%，种子含水量在 4%～6%。种子用铝盒或铝箔塑胶密封包装、或真空密封，储藏期 50～100 年。长期库储藏，一般不作分发用，即当分发材料用完时可用作繁殖材料提取，所以也叫基础库。对于种子而言，温度 0～30℃，每降低 5℃，种子的寿命延长 1 倍。种子含水量 4%～14%，每减少 1%，种子的寿命延长 1 倍。

③试管保存（离体保存）。用试管保存植物的组织和细胞的培养物。常用的培养物有：愈伤组织、悬浮细胞、幼芽生长点、花粉、花药、体细胞、原生质体、幼胚等。试管保存的优点有：所需空间小，可以解决常规方法不易保存的种质资源，繁殖时不受季节限制，繁殖速度快，培养物不带病虫害，便于种质交流等。

④基因文库技术。从植物中提取大分子量的 DNA，用限制性内切酶将其切成许多 DNA 片段。然后再通过载体把该 DNA 片段转移到繁殖速度快的大肠杆菌中去，通过大肠杆菌的无性繁殖，产生大量的、生物体中的单拷贝基因。不仅可以长期保存该物种的遗传资源，而且还可以通过反复地培养繁殖、筛选，来获得各种基因。

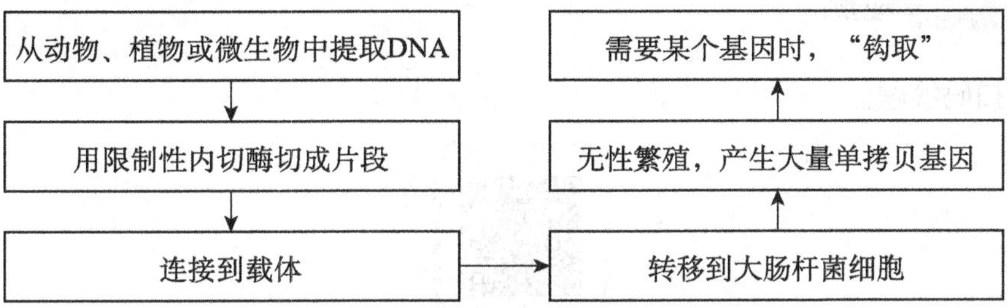

知识链接 6-4-1

种质资源库

• 人员准备

任务分工

任务角色	任务内容
组长：	咨询专业人员，查询相关资料，收集参考材料（气候和地理等），确定工作内容，分配工作任务，拟定调查计划
组员 1：	参与讨论，咨询专业人员、查询相关资料收集参考资料（气候和地理等）
组员 2：	参与讨论，根据讨论结果设计调查项目和记录表格
组员 3：	参与讨论，根据讨论结果试点草种质资源状况进行调查
组员 4：	参与讨论，根据调查数据撰写调查报告

任务实施

步骤一：成立调查小组，拟定调查计划。

步骤二：通过图书馆、网络资源查找文献、询问收集参考资料（气候和地理等）。

步骤三：进行试点调查，找出试点调查中存在的问题，提出解决办法。

步骤四：实地调查。

步骤五：总结调查结果，形成调查报告。

任务检测

请扫码答题。

任务评价

工作活动完成过程评价

班级：__________ 组别：__________ 姓名：__________

项目	评分标准	自我评价	小组评价	教师评价
调查计划的制订（30分）	人员分工（10分）			
	调查内容（10分）			
	调查方法（10分）			
参考资料的收集（30分）	气候（10分）			
	地理（10分）			
	保护现状（10分）			
活动完成过程（30分）	能够根据工作任务资料分析并制订工作计划（5分）			
	认真思考，积极动手、动脑（5分）			
	积极参与小组合作与交流，配合默契，互帮互助（5分）			
	通过小组讨论与再学习完成工作任务（5分）			
	具有认真严谨的科学态度（10分）			

（续表）

项目	评分标准	自我评价	小组评价	教师评价
活动效果（10 分）	整体的效果（很好为 10 分；较好为 7～9 分；一般为 3～6 分；较差为 0～2 分）			
合计				
自我评价与总结				
教师点评				

参考文献

毕辛毕，戴心维，1993. 种子学 . 北京：中国农业出版社 .

毕辛毕，戴心维，1995. 种子学 . 北京：中国农业出版社 .

国家粮食储备运营管理司，1994. 中国粮食贮藏大全 . 重庆：重庆大学出版社 .

韩建国，2000. 牧草种子学 . 北京：中国农业大学出版社 .

胡晋，1996. 植物遗传资源核心库及其建立 . 种子（5）：22-24.

胡晋，徐海明，朱军，2001. 基因型值多次聚类法构建作物种质资源核心库 . 生物数学学报，1：34-36.

人力资源和社会保障部教材办公室，2009. 牧草工 . 北京：中国劳动社会保障出版社 .

王成艺，1996. 谷物干燥原理与谷物干燥机设计 . 哈尔滨：哈尔滨出版社 .

王立军，杨振华，2021. 种子检验技术 . 北京：中国农业大学出版社 .

王长春，王怀宝，1997. 种子加工原理与技术 . 北京：科学出版社 .

徐本美等译，1993.ISTA，种苗评定与种子活力测定手册 . 北京：北京农业大学出版社 .

闫国苍，2013. 牧草种子制种技术 . 北京：中国农业出版社 .

颜昌兰，2021. 作物种子生产技术 . 北京：中国农业出版社 .

颜启传，1996. 种子检验原理和技术 . 北京：中国农业出版社 .

颜启传，2001. 种子学 . 北京：中国农业出版社 .

颜启传等译，1999. 1996 国际种子检验规程，北京：中国农业出版社 .

郑光华，陶嘉龄等，1990. 实用种子生理学 . 北京：农业出版社 .